Leonie Walter, Markus Walter

Gewusst wie – Das 1×1 der Pressearbeit

So wird Öffentlichkeitsarbeit zum Erfolg

BusinessVillage
Update your Knowledge!

Leonie Walter, Markus Walter
Gewusst wie – Das 1×1 der Pressearbeit
So wird Öffentlichkeitsarbeit zum Erfolg
BusinessVillage, Göttingen 2010
ISBN 978-3-86980-012-7
© BusinessVillage GmbH, Göttingen

Bestellnummer
Druckausgabe Bestellnummer PB-783
ISBN 978-3-86980-012-7

Bezugs- und Verlagsanschrift
BusinessVillage GmbH
Reinhäuser Landstraße 22
37083 Göttingen
Telefon: +49 (0)5 51 20 99-1 00
Fax: +49 (0)5 51 20 99-1 05
E-Mail: info@businessvillage.de
Web: www.businessvillage.de

Layout und Satz
Sabine Kempke

Coverabbildung
micha, www.fotolia.de

Druck
Druckservice Brucker, Mainburg

Inhalt

Über die Autoren

 **Leonie Walter** ist seit 1994 in der PR-Branche tätig. Seit 1996 berät sie gemeinsam mit ihrem Mann Markus Walter und einem eigenem Team mittelständische Unternehmen und Start-ups zu allen Fragen rund um die Presse- und Öffentlichkeitsarbeit. Sie schreibt Texte, moderiert Workshops und ist Referentin für PR-Themen. Ihr Schwerpunkt liegt auf softwarebezogenen Themen. Hier widmet sie sich insbesondere der Kommunikation im Business-to-Business. Neben der Pressearbeit für Print- und Online-Medien ist die Kommunikation im Web 2.0 ihr Steckenpferd.

Markus Walter entwickelt als Geschäftsführer der PR-Agentur Walter Visuelle PR GmbH seit mehr als 15 Jahren Ideen für vertriebsunterstützende Kommunikationsmaßnahmen für Unternehmen aus der Informationstechnologie. Er ist  Referent bei Industrie- und Handelskammern sowie bei depak – Deutsche Presseakademie und leitet auch firmeninterne Workshops und Seminare. Zudem coacht er Unternehmen in Sachen PR-, Marketing- und Social-Media-Strategien. Im Blog „VisuellePR.de" veröffentlicht er Fundstücke, Best-Practice-Beispiele und Anregungen rund um die Themen Pressearbeit und Visuelle PR.

Die Autoren sind Querdenker und Vorreiter in der Presse-arbeit. Trockene und technische Themen für die Medien interessant und spannend aufzubereiten, ist beiden ein Anliegen. Dabei wollen sie Redaktionen vor allem auch Material an die Hand geben, welches diese oft schmerz-lich vermissen. Schon 1997 haben sie den ersten Online-Pressebereich ins Leben gerufen, wo sich interessierte Redaktionen auch heute noch Presse-Material down-loaden. Seit 2003 treiben Leonie und Markus Walter das Thema Visuelle PR mithilfe von PR-Bildern voran. Ihr Engagement gilt dem verstärkten Einsatz von PR-Bildern in der Pressearbeit – PR-Botschaften sollen nicht mehr ausschließlich über Texte, sondern auch in Form von geeigneten Fotos, Grafiken und Collagen kommuniziert werden. Aktuell beraten sie Unternehmen darin, die neuen Social-Media-Kanäle wie unter anderem twitter, Blogs, XING, YouTube strategisch in ihre Kommunikation einzubinden.

Frühzeitig setzen die beiden PR-Experten auch neue Techniken für ihre Kunden ein, wenn diese Mehrwerte für Redaktionen und die jeweilige Zielgruppe bieten. So ist etwa die Kommunikation mittels PR-Videos ein Thema, welches die Autoren in Form von redaktionellem Filmmaterial aufgreifen: In Video-Statements werden aktuelle Themen behandelt, Techniktipps gegeben und Trends aufgezeigt.

Kontaktdaten der Autoren:
Website: www.pressearbeit.de
Weblog: www.VisuellePR.de
Twitter: www.twitter.com/VisuellePR

1.
Einleitung

Kommunikation im Wandel

Die Kommunikation befindet sich aktuell in einem so schnellen Wandel. Als wir uns vor einem halben Jahr zum ersten Mal mit den möglichen Ideen und Themen für dieses Buch befasst haben, waren viele Dinge noch anders als heute. Damals wollten wir einen Ratgeber für Einzelunternehmer sowie kleinere Unternehmen und Organisationen schreiben, wie diese ihre Pressearbeit möglichst pragmatisch selbst machen können. Die Kommunikation im Internet sollte lediglich in Bezug auf PR-Portale gestreift werden.

An die ursprüngliche Idee haben wir uns gehalten. Ein Vorgehen, welches Schritt für Schritt erklärt wird, alle Infos zum Aufbau eines Presseverteilers sowie zum Schreiben von Pressemitteilungen sowie längeren Artikeln finden sich im Buch. Sie erfahren, wie Sie mit Redaktionen in Kontakt treten können, und wie Sie es erreichen, dass Sie als kompetenter Partner auf der PR-Seite wahrgenommen werden. Wir verraten, welche Services Ihnen möglicherweise dabei helfen, den eigenen Aufwand gering zu halten. Und wo Dienstleistungen, Services oder Informationen kostenfrei zu erhalten sind, damit das Budget geschont wird, haben wir ebenfalls für Sie recherchiert.

Zwischenzeitlich hat sich jedoch in den Medien, bei Technologien und in der Kommunikation so vieles verändert, dass wir auch hierzu wichtige Hinweise in dieses Buch aufgenommen haben.

Abbildung 1: Veränderte Kommunikation, dokumentiert in einem Tweet von @Visuelle PR

Gerade noch haben wir in der Mittagspause gesehen, wie eine Telefonzelle abgebaut wurde – dies haben wir auch gleich mal getwittert, unter dem Stichwort „KommunikationimWandel". Und genauso, wie sich das Telefonieren in den letzten Jahren überwiegend auf die Mobilfunktechnologie verschoben hat, verlagert sich auch gerade die Kommunikation von Print auf Online. Die Kommunikation ist nicht nur im Wandel, dieser ist auch nicht mehr aufzuhalten.

Bei vielen Verlagen verändert sich die bisherige Arbeit just in diesem Moment: Die klassischen Redaktionen werden reduziert, einige Zeitschriftentitel sind bereits eingestampft. Alle drängen ins Internet – beziehungsweise ins Web 2.0. Viele Verlage sind dabei, neue Geschäftsfelder zu suchen, weil bei ihnen das Anzeigengeschäft rückläufig ist. Dies ist sicherlich auch der Banken- und Wirtschaftskrise geschuldet. Nichtsdestotrotz sind junge Unternehmen mit frischen Ideen schon an den etablierten Verlagen vorbeigezogen. Kommunikationsplattformen und Bewertungsplattformen, Experten-Portale und vieles mehr haben sich bereits etabliert und dürsten nach neuem Input – auch aus den Pressestellen.

Frischer Input wird benötigt

Während Printmedien ihre Erscheinungsweise tendenziell eher reduzieren, wächst bei den Online-Medien der Hunger nach News: Frische Informationen werden benötigt, nicht monatlich, nicht wöchentlich, nicht täglich – nein, stündlich, minütlich und noch schneller werden die aktuellsten News verbreitet! Wechselt in der Politik ein Minister den Posten, trudeln sofort News-Alerts in unserem E-Mail-Postfach ein! Die Kommunikation wird dadurch schneller und bunter. Die Möglichkeiten, Nachrichten zu publizieren, wachsen immens.

Für die Pressearbeit ist es daher kein Nachteil, wenn man nun auch online verstärkt kommunizieren kann. Es gibt viele hochwertige Seiten und Portale, die redaktionell betreut werden und somit dem Leser ebensolche Glaubwürdigkeit versprechen, wie es die klassischen Zeitschriften und Zeitungen auch heute noch tun. Gerade für Sie, liebe Leserinnen und Leser, wenn Sie aus kleinen Unternehmen oder PR-Agenturen stammen, ist das Web 2.0 sogar ein echter Glückstreffer!

Nicht nur die klassischen Medien, die ihre Redaktionsseiten nun im Netz veröffentlichen, auch andere Kanäle warten nur darauf, mit Ihren Botschaften gefüttert zu werden. Viele weitere Multiplikatoren, beispielsweise Blogger, können ebenfalls begeistert und für Ihre Themen gewonnen werden.

Dieses Buch ist Ihre Arbeitsunterlage

In diesem Buch zeigen wir Ihnen die Grundlagen und geben Ihnen viele Tipps aus unserer langjährigen PR-Erfahrung. Dabei müssen Sie dieses Buch nicht zwangsläufig von hinten nach vorne konsequent durcharbeiten. Die Kapitel sind so geschrieben, dass sie immer bei dem Thema nachlesen können, welches Ihnen gerade am meisten „unter den Nägeln brennt". Durch Kapitelverweise sehen Sie darüber hinaus, an welchen Stellen im Buch wir weiterführende Informationen zu ähnlich gelagerten Fragestellungen geben. Dieses Buch gibt Ihnen Handlungsempfehlungen und kann als Arbeitsunterlage jederzeit herangezogen werden.

Beim Lesen dieses Buches wünschen wir Ihnen viel Spaß, viele Aha-Erlebnisse und dass Sie viele Inspirationen und Ideen für Ihre eigene Pressearbeit finden werden.

Herzlichst

Leonie und Markus Walter

Eine wichtige Information noch gleich zu Beginn: Wenn wir von Journalisten, Redakteuren, Pressesprechern, Unternehmern und Lesern sprechen, schließen wir die weiblichen Vertreterinnen der jeweiligen Berufsgattung natürlich immer mit ein. Wir haben uns jedoch aus Gründen der besseren Lesbarkeit dazu entschieden, die neutrale, männliche Form zu verwenden, und bitten Sie hierfür um Verständnis.

2.
Nur das Neue begeistert

Hinterfragen Sie sich einmal selbst: Würden Sie eine Tageszeitung kaufen, die mit der Schlagzeile „Wetter, Politik, Kultur: Alles bleibt beim Alten" aufmacht? Oder interessieren Sie sich eher für die neuesten Frauenskandale eines bekannten Staatsmannes, einen schrecklichen Flugzeugabsturz über dem Atlantik, die skandalösen Starkapriolen einer Charts-Stürmerin oder die aktuell geplanten Steuererhöhungen? Die Frage ist natürlich rein rhetorisch – wir alle wissen, warum Boulevardzeitungen so gerne gelesen werden. Allerdings macht dies auch deutlich, wie wir Menschen in Bezug auf unser Informationsverhalten tatsächlich ticken: Wir lechzen nach Neuem, Spannendem, Aktuellem. Und deshalb sind auch Journalisten auf der Suche nach einem Knüller – und nicht nach alten Hüten.

Aus diesem Grund gilt für alle News, die aus den Pressestellen oder PR-Agenturen von Unternehmen oder Organisationen kommen: Sie müssen einen Neuigkeitswert haben – sonst fallen sie bei einer Redaktion direkt durchs Raster und wandern sofort in den Papierkorb. Das oberste Gebot bei der Themenauswahl ist deshalb: „Du sollst nicht langweilen!"

Was sind also Themen, die Journalisten interessieren?
• neuartige Produkte und Dienstleistungen
• Erweiterungen bekannter Produkte
• Erfolgsmeldung (Firma xy hat Referenzkunde yz gewonnen)
• Veranstaltungen, Seminare, Workshops
• Messeteilnahme
• Innovationen, neuartige Lösungen und Technologien
• Studien

- Jubiläen (25-, 50-, 75-jähriges Bestehen und so weiter)
- Personalien (auf Führungsebene: Geschäftsleitung, Vertrieb, Marketing)
- Besonderes Engagement zum Beispiel im sozialen Bereich
- Ungewöhnliche Guerilla-Marketing- oder Vertriebs-Aktionen
- Beteiligung an besonderen Aktionen, Wettbewerben, Rekorden oder Ähnliches
- und vieles mehr

Unterscheiden muss man zudem, ob die Meldung regional von Interesse ist oder ob sie bundesweit Aufmerksamkeit wecken könnte. So ist beispielsweise für überregionale Fachmedien nicht berichtenswert, dass ein Unternehmen zwanzig neue Auszubildende einstellt. Lokalredaktionen dagegen werden ein solches Thema gerne aufgreifen, weil es für die Region von Bedeutung ist.

Medienrelevanz: Trifft einer der Faktoren auf Ihre Nachricht zu?

- **Faktor Neuigkeit:** Ist die Information neu?
- **Faktor Ausmaß:** Wie viele Menschen sind betroffen?
- **Faktor Nähe:** Lesen die Betroffenen dieses Medium oder ist die Information relevant für die entsprechende Region?
- **Faktor Bedeutung:** Welche Konsequenzen hat die Information?
- **Faktor Prominenz:** Sind bekannte Persönlichkeiten involviert?
- **Faktor Mensch:** Steht die Information in Verbindung mit ungewöhnlichen, menschlichen oder emotionalen Aspekten?

Bei der Einschätzung dieser Nachrichtenfaktoren sollten Sie sehr kritisch vorgehen und möglichst objektiv bleiben. Versetzen Sie sich in die Rolle des Redakteurs der Zeitschrift, in der Sie die Meldung gerne lesen würden, und fragen Sie sich: „Könnte mich und meine Leser diese Information wirklich interessieren?"

Im Redaktionsalltag fließen natürlich noch zahlreiche weitere Kriterien in die Entscheidung ein, ob ein Thema aufgegriffen oder eine eingeschickte Pressemitteilung veröffentlicht wird. So steht eine Nachricht immer in Konkurrenz zu anderen Nachrichten. Sie kann selbst dann noch infrage gestellt werden, wenn sie vom Redakteur bereits für die nächste Ausgabe eingeplant wurde. Ist nämlich eine andere Nachricht aktueller, brisanter oder wird in ihrem Ausmaß mehr Leser betreffen, bleibt eine Pressemitteilung über Ihre neueste Produktversion im letzten Moment möglicherweise doch noch auf der Strecke. Hierbei spielt auch der verfügbare Platz eine Rolle. Letztlich bestimmt das Anzeigenvolumen einer Zeitschrift die Anzahl der redaktionellen Seiten: Wird viel inseriert, kann ein Fachmagazin umfangreicher sein und mehr Artikel abdrucken, als wenn die Anzeigenschaltungen rückläufig sind. Und für News ist in Printpublikationen der Platz ohnehin eingeschränkt. Viele Medien veröffentlichen Nachrichten aus Pressemitteilungen heute überwiegend im Internet, sodass es nur wenige ausgewählte Themen in die Printausgabe schaffen.

Pressearbeit ist Image-Aufbau

Auch wenn viele, die erwartungsvoll mit Pressearbeit starten, es sich anders erhoffen: Pressearbeit wirkt langfristig und dient somit in erster Linie dem Imageaufbau und der Imagepflege. Viele Unternehmer, die ihre erste Pressemitteilung versendet haben, haben die Vorstellung, dass danach das Telefon nicht mehr stillsteht und massenhaft Bestellungen für ihr Produkt eintreffen – oder zumindest konkrete Kontakte entstehen. Das kann zwar durchaus mal passieren, die Erfahrung zeigt jedoch eher, dass sich zunächst nur wenig tut. Womit man allerdings durchaus rechnen kann, ist, dass die Zahl der Zugriffe auf die Unternehmenshomepage ansteigt. Wird der Besucher dann in Bezug auf seine Interessen auch fündig, kommt es zu konkreten Anfragen. Die gewünschten Erfolge stellen sich dann nach und nach ein.

Die Begriffe „langfristige Pressearbeit" und „Image-Aufbau" signalisieren es schon: Dranbleiben ist wichtig! Damit sich bei den Redaktionen ein Erinnerungseffekt einstellen kann, sollte etwa eine Pressemitteilung pro Monat versendet werden. Dann merkt der Redakteur: „Ach, das ist ja die Musterfirma GmbH, davon habe ich doch schon mal gehört und gelesen." Er schaut dann auch genauer hin, um was es geht und ob das Thema ins Heft (oder gegebenenfalls auch zur Online-Berichterstattung) passen könnte.

Sind die Abstände zwischen zwei Pressemitteilungen zu groß – gerade zu Beginn der Pressearbeit – dann wird sich ein Redakteur in der Regel nicht mehr an das Unternehmen erinnern können. Um dies nachvollziehen zu können, muss man sich bewusst machen, dass ein Redakteur jeden Tag hundert und mehr Pressemitteilungen erhält. Da bleibt nicht viel Zeit, diese intensiv zu prüfen. Und weil auch Redakteure Menschen sind, orientieren sie sich an zwei naheliegenden Kriterien: Kenne ich den Absender? Klingt die Headline spannend? Daher ist es wichtig, dass man sich bei den relevanten Zeitschriften und Ansprechpartnern dauerhaft als zuverlässiger Informationslieferant positioniert.

Zeitungen sind vertrauenswürdig

Wie wirkt sich nun die Pressearbeit auf das Image aus? Die redaktionelle Berichterstattung in Zeitschriften und Zeitungen erscheint den meisten Lesern immer noch überwiegend neutral, seriös und glaubhaft. Berichtet eine Redaktion über ein Unternehmen, ein Produkt oder eine Dienstleistung, entsteht gleichzeitig auch ein Eindruck von Relevanz – ganz nach dem Motto „Wenn die von der Zeitung darüber schon berichten, muss es wichtig sein". Teilweise wirken die redaktionellen Berichte so, als habe die Zeitschrift ein Produkt intensiv geprüft und getestet, um es dann erst zu empfehlen. Auch wenn dem selten so ist (es sei denn, es handelt sich um einen ausgewiesenen Produkttest): Das Vertrauen, das ein Leser zu seiner Zeitung hat, kann sich so auch positiv auf das erwähnte Unternehmen übertragen.

Hat ein Unternehmen es sogar geschafft, einen ein- oder mehrseitigen Fachartikel zu platzieren, unter dem ein Fachmann aus dem Unternehmen als Autor steht, dann trägt auch dieser Experten- oder Fachautoren-Status zu einem positiven Image bei.

Die langfristige Präsenz in der Presse zahlt sich mehrfach aus: Betreibt ein Unternehmen aktiv Kaltakquise, ist es hilfreich, wenn der potenzielle Kunde den Firmennamen schon einmal gehört oder gelesen hat. Gleiches gilt bei Messeteilnahmen – verbindet der Besucher etwas mit dem Namen von Unternehmen oder Produkten, kann er leichter in Gespräche verwickelt werden oder kommt aktiv an den Stand. Es erhöht sich zudem die Chance, dass auch Empfehlungen ausgesprochen werden und so ein Multiplikator-Effekt entsteht.

Alles in allem bewährt sich in der Pressearbeit das alte Sprichwort „Steter Tropfen höhlt den Stein". Die ständige Sichtbarkeit zu bestimmten Themen in der Presse ist wichtig, damit Interessenten zum richtigen Zeitpunkt die richtigen Assoziationen haben und dann auch zu einem Kunden werden können.

Wie positiv sich Pressearbeit auch auf die Online-Reputation eines Unternehmens und die Platzierung in Suchmaschinen auswirken kann, ist ein Aspekt, auf den in Kapitel 7 näher eingegangen wird.

Vertriebsunterstützend: Produkt-PR

Die meisten Unternehmen, die mit Pressearbeit starten, wollen ein oder mehrere ihrer Produkte bekannt machen. Hierzu gleich ein wichtiger Hinweis: Achtung! In der Pressearbeit spricht man nicht von „bewerben" – schon gar nicht im Dialog mit einem Redakteur. Für die Werbung sind nämlich die Anzeigenabteilungen zuständig. Aber selbstverständlich finden im redaktionellen Teil der meisten Zeitungen durchaus Produkte Erwähnung. Beispielsweise in einer „News"- oder „Aktuelles"-Rubrik werden häufig neue Produkte vorgestellt.

Produkt-PR ist also nicht nur üblich, sondern breit akzeptiert. In Texten sollten Sie darauf achten, einen aktuellen Aufhänger für das Produkt zu finden. Dieser soll dem Redakteur deutlich machen, was an dieser Pressemitteilung und an Ihrem Produkt so neu und wichtig ist. Dies kann eine neue Funktionalität sein, eine neue Eigenschaft, ein neuer Nutzen, der sich beispielsweise aus einer Gesetzesnovelle ergibt, und und und.

Zur Produkt-PR zählt auch der Anwendungsfall. Entscheidet sich beispielsweise ein bekanntes Unternehmen für Ihr Produkt, dann eignet sich auch dieses Thema als aktueller Aufhänger. Stellen Sie dann im Speziellen den Nutzen für den Kunden anhand des Beispiels in den Vordergrund. Ein solches Testimonial ist für Ihre Pressearbeit und für Ihr Image viel wert, weil andere Leser sich mit Ihrem Kunden identifizieren können und gerne in den Genuss der gleichen Vorteile kommen wollen.

Ideenreichtum gefragt: Dienstleistungs-PR

Auch Dienstleistungen lassen sich mit Pressearbeit kommunizieren. Während man bei Produkten das Besondere anhand von Eigenschaften, Leistungsmerkmalen und Funktionen meist sehr gut herausstellen kann, ist dies bei Dienstleistungen oft bedeutend schwerer. Es ist hier sehr wichtig herauszufinden, welche Alleinstellungsmerkmale die jeweilige Dienstleistung auszeichnen. Diese herauszuarbeiten, bereitet den Unternehmen oft Schwierigkeiten. Die Mühe lohnt sich jedoch, denn das sind Fragen, die auch ein potenzieller Kunde in jedem Fall beantwortet haben will:

- *Was können Sie besser als andere?*
- *Warum soll ich mich für Sie entscheiden?*
- *Worin liegen meine Vorteile, wenn ich Sie beauftrage?*
- *Von welchen Services/Kontakten/welchem Wissen profitiere ich?*

Themen, die Sie von diesen Fragestellungen ableiten können, sind neue Dienstleistungen, neue Ansätze, interessante Service-Kombinationen (zum Beispiel Coaching mit parallelem Putz-Service), Marktbeobachtungen, Marktzahlen, beobachtete Trends und Ähnliches. Es kommt einerseits auf den Newswert an, andererseits kann man viele bekannte Themen auch mit dem richtigen Kniff zu einer Top-Neuheit hindrehen. „Pimp my Dienstleistung", würden Werber im Denglisch-Neusprech dazu sagen. Insgesamt sind allerdings Informationen, die die eigentliche Dienstleistung pur beschreiben, weniger gefragt. Mehr Chancen auf Veröffentlichung und Akzeptanz haben PR-Beiträge, die auf die Kompetenz des Unternehmens nur subtil hinweisen, ohne den Leser zu sehr mit der Nase darauf zu stoßen.

Aufmerksamkeitsstark und beliebt bei Medien sind derzeit einfache Checklisten, die Sie zu fast jedem Thema entwickeln können. Mit „Fünf Tipps zur Einführung von Wikis", die in einer Pressemitteilung kommuniziert wurden, konnte eine süddeutsche Beratungsfirma beispielsweise großes Interesse bei den Redaktionen wecken. Zahlreiche Veröffentlichungen zeugten von dem Know-how des Unternehmens, ohne dass extra betont werden musste, dass dieses tatsächlich Wikis bei Unternehmen erfolgreich einführt. Übrigens müssen die Tipps, die Sie in Pressemitteilungen geben, nicht einmal besonders ausführlich sein. Vielmehr sind kleine Denkanstöße gefragt, die genug, aber nicht alles im Detail verraten.

Ganz persönlich: Personality-PR

Gerade für Kleinstunternehmer, Berater, Künstler und Autoren kann es manchmal weniger wichtig sein, ihr Produkt oder ihre Dienstleistung zu kommunizieren, als vielmehr die Bekanntheit des eigenen Namens zu erhöhen. Im Umkehrschluss bedeutet das: Ist die Person und das Thema, für das sie steht, erst einmal bekannt, werden Produkt oder Dienstleistung gleichzeitig mit kommuniziert. Die Bekanntheit ist demnach ein besonders wichtiger Aspekt für diese Menschen. Sicherlich können die meisten einen Experten für das Thema Zeitmanagement (Lothar Seiwert) oder für das Thema Gesundheit (Hademar Bankhofer) assoziieren. Coaches und Marketingberater kennen möglicherweise Giso Weyand für Marketingtipps oder Sabine Asgodom als Buchautorin und Management-Trainerin für Selbstvermarktung und Work-Life-Balance. Für diese beruflich erfolgreichen Einzelkämpfer ist die Pressearbeit eines der wichtigsten Instrumente. Elementar ist es zudem für diese Personengruppe, immer im Gespräch zu sein. Im nächsten Schritt der Bekanntheit werden diese Menschen nämlich gerne und oft als Keynote-Speaker und Referent von Firmen und Veranstaltungs-Organisatoren gebucht. Auch als Seminarleiter oder Autoren spielen sie eine immer wichtigere Rolle. In diesem Fall zahlt sich die Bekanntheit sehr lohnend aus: Je mehr Erfahrung man als Referent hat, je mehr Bücher man geschrieben hat und je öfter man als Experte zum Beispiel auch im Fernsehen aufgetreten ist, desto höher klettert der eigene Stunden- und Tagessatz. Die Personality-PR sichert somit gleichzeitig die Sichtbarkeit wie auch die berufliche Existenz.

Auch bei Personen lassen sich Themen per Pressemitteilungen kommunizieren, beispielsweise wenn es sich um Ankündigungen für Bücher handelt oder Veranstaltungstermine, an denen die Experten auftreten. Daneben wird der Fokus bei der Pressearbeit wahrscheinlich vor allem auf Fachartikeln in Zeitschriften liegen sowie auf Interviews, die man den Redaktionen auch aktiv anbieten kann. Wie auch in allen anderen „Spielarten" der Pressearbeit kommt es explizit darauf an, beim jeweiligen Thema interessante Ansätze herauszuarbeiten und Mehrwerte für Redakteur und Leser zu bieten.

Mehr über das Schreiben von Pressemitteilungen und Fachartikeln lesen Sie in Kapitel 9 und 10.

3.
Alle oder keinen erreichen

Ihre Zielgruppe im Fokus

Eine der wichtigsten Überlegungen bei der Presse-
arbeit ist: „Wen möchten wir eigentlich erreichen?"
Andersherum gefragt: „Wer ist denn meine Zielgruppe?"
Die Frage ist nicht nur leicht gestellt, die meisten Firmen
glauben auch, die Antwort bereits gefunden zu haben.
Allerdings sollte man dieser Frage noch einmal kritisch
nachgehen, bevor man damit beginnt, die richtigen
Medien für die Kommunikation festzulegen.

Zielgruppen werden üblicherweise nach verschiedenen
Kriterien charakterisiert. So schaut man beispielsweise
nach Alter, Bildung und Beruf oder auch nach Lebens-
phasen: Soll der typische Single erreicht werden? Ver-
heiratete Paare? Menschen mit und ohne Kinder?
Jugendliche? Oder gar Senioren? Und wenn man weiß,
wer zur Zielgruppe gehört: Mit welchen Medien lässt sich
diese Zielgruppe erreichen?

Ist man im Business-to-Business tätig, kommen zusätzlich weitere Kriterien als die rein persönlichen Merkmale
von Menschen zum Tragen. Hier unterteilt man
potenzielle Interessenten und Kundengruppen gerne
nach Unternehmensgröße oder nach Branchen. Viele
Firmen haben allerdings auch starke Bedenken, ihre Zielgruppe in irgendeiner Form einzugrenzen. Es wird häufig
befürchtet, dass dem Unternehmen dadurch mögliche
Aufträge entgehen könnten. Als PR-Berater hören wir
von Kunden oft: *„Ach, eigentlich ist unser Produkt völlig
branchenneutral. Jeder kann es einsetzen."*

Dies mag in der Theorie, vielleicht auch in der Praxis möglich sein. Allerdings ist es durch Pressearbeit und Werbung für ein kleines oder selbst mittelgroßes Unternehmen kaum machbar, immer alle potenziellen Kunden gleichzeitig anzusprechen. Es ist schlicht und einfach eine Frage von personellen Ressourcen und monetären Kapazitäten. Spricht das Unternehmen schon allein im Vertrieb bestimmte Kundengruppen oder Branchen gar nicht an, dann spiegelt sich der Vorteil, den diese durch den Einsatz des Produkts hätten, auch nicht auf der Webseite des Unternehmens wider. Und in diesem Fall bestehen auch kaum Chancen, dass aus dieser Branche oder Gruppierung jemals ein Kunde gewonnen werden kann. Je größer der „Bauchladen" ist, desto unschärfer wird ein Unternehmen von außen wahrgenommen. Und wenn man nicht weiß, wofür es eigentlich steht und was es kann, wird man sicherlich auch kein begeisterter Kunde. Daher raten wir Ihnen, in diesem Fall etwas „Mut zur Lücke" zu beweisen. Wenn Sie in bestimmten „Nischen" sehr gut sind, dann machen Sie es sich darin bequem und teilen Sie es auch der Öffentlichkeit mit.

Prioritäten setzen statt ausgrenzen

In Bezug auf die Pressearbeit sollte folgende Überlegung im Vordergrund stehen: Sie setzen begrenzte Geldmittel und Zeitreserven für die Kommunikation ein. Im Idealfall bauen Marketingmaßnahmen, Vertriebsaktionen und die Unterstützung durch Pressearbeit im Rahmen einer Kampagne aufeinander auf. In welchen Bereichen, Branchen und bei welchen Personengruppen ist die Chance am größten, dass Ihre Kommunikation Erfolge zeigt? Es geht bei der Festlegung der Zielgruppe nicht darum, bestimmte Gruppen völlig auszuschließen, sondern darum, sich selbst Prioritäten zu setzen. Kommt doch mal ein Kunde aus einem anderen Bereich um die Ecke, dann können Sie sich freuen und ihn trotzdem gut bedienen! Die anderen jedoch, auf die Sie Ihre Kommunikation gezielt abstimmen, werden sich besonders gut aufgehoben fühlen. Sie merken nämlich, dass Ihr Interesse an Ihnen wirklich echt ist.

Ob man Pressemitteilungen nur regional streut, sie bundesweit oder sogar über Ländergrenzen hinweg verteilen möchte, hängt ganz davon ab: Ist das Unternehmen eher lokal an einem bestimmten Ort tätig, oder will es Produkte und Dienstleistungen flexibel überall anbieten? Relevant ist in diesem Zusammenhang auch die Frage: Welche Reichweite und Möglichkeiten hat der eigene Vertrieb, und sind die Angebote auch für Kunden von weiter weg von Interesse?

Ein regional tätiger Bäcker wird sehr wahrscheinlich, selbst wenn er mehrere Filialen unterhält, eher an Veröffentlichungen in der regionalen Tagespresse Interesse haben.

Beispiel:
Das Backhaus Schroer in Wiesbaden hat eine seiner Filialen für einige Tage ausschließlich seinen Auszubildenden anvertraut. Diese übernahmen die Verantwortung nach dem Motto „Jetzt schmeißen wir den Laden". Natürlich hat die Tageszeitung von Wiesbaden ausgiebig von der außergewöhnlichen und erfolgreichen Aktion berichtet.

Ein Ausstatter von Lagerlogistik sieht sich dagegen in einem Wirtschafts- oder Fachmagazin besser aufgehoben, weil dies seinem Business eher nutzen wird. Ein Unternehmensberater oder Trainer dagegen profitiert sowohl davon, wenn in der örtlichen Zeitung berichtet wird, als auch von Artikeln im IHK-Magazin oder in der Fachpresse. Darüber hinaus sind Online-Medien aller Art interessant – vom Regionalportal bis hin zur Special-Interest-Plattform.

Es ist absolut lohnend, sich über die eigene Zielgruppe genau Gedanken zu machen. Nehmen Sie sich ein Flipchart und notieren Sie, welche Art von Interessenten Sie informieren möchten. Wie sehen Ihre Wunschkunden aus? Was zeichnet sie aus? Welche Voraussetzungen müssen sie womöglich erfüllen, um Kunde bei Ihnen werden zu können? Diese Fragestellungen sollten Sie intensiv beleuchten.

Tipp

Wenn es Ihnen schwerfällt, die Arten von Kunden aufzuführen, die Sie gerne gewinnen möchten, dann greifen Sie doch einmal zu diesem gedanklichen Kniff: Welche Branche, Firmengrößen und so weiter möchten Sie auf keinen Fall zum Kunden haben? Denken Sie im Business-to-Business beispielsweise an Banken und Versicherungen, Krankenhäuser und Altenheime, die öffentliche Verwaltung, den Einzelhandel, Handwerksbetriebe, Dienstleistungsbetriebe oder die produzierende Industrie. Gibt es Betriebe, deren Anforderungen an Qualität oder Sicherheit Sie möglicherweise von vornherein nicht erfüllen können? Werden bei bestimmten Firmen besondere Standards oder eine Verbandszugehörigkeit vorausgesetzt?

Wen können Sie ausschließen, unter anderem wegen der Größe der Firmen, Anzahl der Mitarbeiter oder aufgrund der Erfahrung, was Entscheidungszyklen für Investitionen anbelangt?

In vielen Fällen wird es Unternehmen sehr deutlich, wer ihre wirkliche Zielgruppe ist, wenn sie wissen, welche Firmen oder Personen auf keinen Fall hinzugehören.

4.
Medien selektieren – die Qual der Wahl

Der Zeitungsmarkt in Deutschland ist der größte Europas. Fast 5.000 Printpublikationen werden hier herausgegeben, darunter mehr als 2.000 Fachzeitschriften und über 350 Tageszeitungen. Für Pressearbeiter ist es zunächst eine große Herausforderung, sich über alle Titel und Sparten einen Überblick zu verschaffen.

Neben Wirtschaftsmagazinen, IHK-Zeitungen, Branchentiteln, Publikums- und Boulevardpresse, Anzeigen- und Kundenzeitungen und konfessionellen Blättern bestehen auch noch zahlreiche Special-Interest-Titel. Diese richten sich an ganz spezielle Zielgruppen wie den Jäger, den Antiquitätensammler oder auch die Nutzer bestimmter Computer-Programme. Selbst für den Handel und bestimmte Handwerksberufe erscheinen die entsprechenden Fachzeitschriften. Nahezu für jedes Fach- und Interessengebiet gibt es eine passende deutschsprachige Zeitschrift oder Zeitung. Hinzu kommt ein fast noch umfangreicheres und nur schwer zu überschauendes Angebot an redaktionellen Seiten im Internet, die ebenfalls ihre Stammleser haben.

Wie man die Zielgruppe erreicht

Es ist daher eine wichtige Aufgabe zum Start der Pressearbeit, die Medien genau zu selektieren, die man mit Pressemitteilungen versorgen möchte. Natürlich ist es nicht erforderlich, alle diese oben genannten Zeitungen mit den eigenen Pressemitteilungen zu beliefern. Dieses Gießkannenprinzip wäre sogar kontraproduktiv, da die Redaktionen ohnehin nur Informationen Beachtung schenken, die inhaltlich passgenau auf die Zeitschrift und ihre Leser zugeschnitten ist. Relevant ist es aber, die Medien herauszusuchen, die mit großer Wahrscheinlichkeit von der eigenen Zielgruppe gelesen werden.

Beispiele für eine zielgruppengenaue Medienauswahl:

- *Berater, Trainer und Coaches liefern Informationen, die die Leser von „managerSeminare", „Coaching-Magazin" oder „Psychologie heute" interessieren.*
- *Marketingfachleute senden ihre Pressemitteilungen unter anderem an „Absatzwirtschaft", „Horizont" und „Werben und Verkaufen".*
- *Und die Pressemitteilungen von Softwareanbietern und IT-Beratern sind dagegen gut aufgehoben in „Computerwoche", c't" und „Information Week".*

Sinnvoll ist es, sich eine Liste mit Zeitungen und Zeitschriften anzulegen, die grundsätzlich über das eigene Unternehmen und seine Angebote berichten könnten. Diese Liste enthält dann vermutlich die örtlichen Tageszeitungen, überregionale Wirtschaftszeitungen, einige Fachmagazine, die zuständige IHK-Zeitung und vielleicht noch den einen oder anderen zusätzlichen Titel oder ein freies Journalistenbüro mit passendem Interessengebiet. Ebenfalls recherchiert werden sollten Seiten im Internet, die regelmäßig redaktionell über das jeweilige Thema berichten (oft sind dies die Online-Auftritte der Zeitungen und Zeitschriften, aber mit einem anderen zuständigen Redakteur). Einen Anhaltspunkt dafür, wie viele Titel eine solche Liste umfassen sollte, gibt es nicht. Es ist aber davon auszugehen, dass bei einer Liste mit mehreren Hundert Zeitungen die Streuverluste zu hoch sind und die Inhalte für viele Redaktionen nicht exakt passend sein werden. Trennen Sie also möglichst genau die relevanten Zeitschriften von den nicht so wichtigen. Aus einer solchen Liste können dann immer passend zu Ihrem jeweiligen Thema diejenigen Redaktionen herausgepickt werden, die mit einer Meldung beliefert werden sollen. Bei allgemein interessierenden Themen können Sie natürlich auch die gesamte Liste anschreiben.

5.
Der Presseverteiler –
Herzstück der Pressearbeit

Adressen kaufen – was Sie wissen müssen

Einen Presseverteiler anzulegen, mit dem Sie die eigene Zielgruppe erreichen, ist ein wichtiger Schritt auf dem Weg zur erfolgreichen Pressearbeit. Hierfür müssen Sie die Medien und die Ressorts, die sich um Ihr Themengebiet kümmern, möglichst zielgruppengenau recherchieren.

Wie Sie Ihre Zielgruppe definieren können, können Sie im Kapitel 3 noch einmal nachlesen.

Abhängig vom Thema können dies durchaus hundert Medien oder mehr sein. Es ist also eine Sisyphusarbeit, die Informationen auf eigene Faust zusammenzusuchen. Durch Recherchen im Internet lassen sich fast alle benötigten Informationen finden, es wird aber viel Zeit kosten. Schneller geht es, wenn ein Verzeichnis mit Redaktionsadressen – diese gibt es auch elektronisch – zurate gezogen wird. Es gibt verschiedene Adressverlage, die gepflegte Redaktionsadressen mit Ansprechpartnern, Telefonnummern und E-Mail-Adressen verkaufen.

Die Verlage Kroll, Stamm und Zimpel sind hier bewährte Anbieter. Sie bieten den Bezug von Medienadressen beispielsweise im Jahres- oder Monatsabo an oder recherchieren auch für Ihren speziellen Bedarf bestimmte Fachverteiler gegen Gebühr. Dieser Service ist allerdings recht kostspielig. Außerdem gilt es zu beachten: Erwirbt man nur einmalig (und damit vermeintlich preiswerter) eine Verteilerliste, enthält diese den Datenbestand, der zum Zeitpunkt der Bestellung gerade aktuell ist. Allerdings wechseln in den Redaktionen sehr häufig die Ansprechpartner. Ein Presseverteiler kann schon wenige Monate nach Kauf wieder veraltet sein, sodass eine kontinuierliche Pflege und Aktualisierung unabdinglich ist. Dies müssten Sie dann in Eigenregie sicherstellen. Die Alternative sind dann Abos, durch die Sie Zugriff auf regelmäßig aktualisierte Redaktions- und Verlagsdaten haben. Darüber hinaus kann es eine Lösung sein, die Daten im jährlichen Rhythmus neu zu kaufen.

Arbeiten Sie mit einer PR-Agentur zusammen? Dann profitieren Sie automatisch von deren regelmäßigen Datenbank-Updates. Da die Agentur für mehrere Unternehmen tätig ist, hält sie eine Vielzahl von Einzelverteilern für diese Firmen auf dem neuesten Stand. Es kann also von stets aktuellen Daten ausgegangen werden. Speziell durch viele persönliche Kontakte ist das Know-how darüber vorhanden, welche Redakteure das Ressort gewechselt haben oder für welche Medien auch freie Journalisten arbeiten.

PR-Verteiler – völlig gratis

Sind Sie regional tätig, oder besuchen Sie eine Fachmesse? Dann kann ein Trick Sie bei der Datensammlung relevanter Zeitschriften und Medien weiterbringen. Die PR-Abteilungen mancher Industrie- und Handelskammern haben für ihre Mitglieder nicht nur Tipps zur Pressearbeit parat. Einige geben sogar ihren eigenen Presseverteiler für die Region an die Unternehmen heraus – gratis! Fragen zumindest kostet nichts, und vielleicht ist auch Ihre Industrie- und Handelskammer vor Ort eine der großzügigen Institutionen ihrer Art. In wenigen Fällen lassen sich die Verteiler sogar auf der Homepage der jeweiligen IHK downloaden, also schauen Sie einfach einmal nach.

Gleiches gilt für manche – aber nicht alle – Veranstalter von Messen und Events. Diese betreiben in der Regel für ihre Veranstaltungen selbst PR. Wenn auch noch Dritte über Pressemitteilungen auf den Termin aufmerksam machen wollen, ist dies ein erwünschter Multiplikator-Effekt. Daher senden einige Veranstalter auch den Presseverteiler an ihre Aussteller. Fragen Sie also ruhig dort an, ob es eine Medienliste gibt, die der Veranstalter für die Pressearbeit nutzt. In aller Regel ist diese im Excel-Format verfügbar und kann Ihnen per E-Mail zugestellt werden.

Wie Sie die Adresslisten von Messeveranstaltern zusätzlich nutzen können, erfahren Sie im Kapitel 13.

Bitte verlassen Sie sich aber nicht zu hundert Prozent darauf, dass Presseverteiler, die Ihnen Dritte kostenfrei überlassen, vollständig und vor allem auf dem neuesten Stand sind. In unserer PR-Praxis haben wir festgestellt, dass manche Einträge veraltet sind. Manches Mal waren einige Medien längst eingestellt oder der Ansprechpartner in der Redaktion arbeitete nicht mehr beim Verlag. Es ist also hilfreich, die Listen persönlich durchzutelefonieren oder auch per Internet nachzuprüfen. Nur so können Sie sicherstellen, dass Ihre Pressemitteilung auch tatsächlich die richtigen Ansprechpartner und Medien erreicht.

Medien selbst recherchieren

Falls Sie zunächst eine Eigenrecherche durchführen möchten: Informationen zu Fachzeitschriften und Tageszeitungen lassen sich unter anderem im Online-Lexikon Wikipedia unter dem Stichwort Zeitschrift finden. Darüber hinaus liefert Google in der Regel gute Ergebnisse bei kombinierten Suchen, beispielsweise „Fachzeitung Management". Bei vielen Recherchen stößt man auf Übersichtsseiten, die verschiedene Titel bündeln und so einen recht guten Überblick vermitteln. Die Medien werden mehr oder weniger vollständig gelistet, die Qualität und Aktualität ist allerdings schwankend.

Unter *www.fachzeitungen.de* können Sie einfach und auf eigene Faust fündig werden. Hier kann man nach bestimmten Fachgebieten recherchieren und erhält Titel aufgelistet, die sich inhaltlich mit diesen Themen beschäftigen. Darüber hinaus gibt es eine vollständige alphabetische Übersicht über alle hier verlinkten Medien. Ebenfalls sehr umfangreich ist die Datenbank des Anbieters Mediator (*www.media-tor.info*).

Leider gibt es im Internet keine Standards, nach denen Sie bei der Suche nach Adressen vorgehen können. Die relevanten Informationen verbergen sich oft unter dem Stichwort „Mediadaten", die sie per PDF downloaden können. Häufig gibt es auch einen Button „Redaktion", wo die Ansprechpartner mit Durchwahl und E-Mail-Adresse, manchmal auch mit Bild vorgestellt werden. Aber genauso oft kann man die Informationen unter „Kontakt" oder im „Impressum" finden. Auf jeder Seite sind die Kontaktdaten anders dargestellt, und manchmal findet man auch nur allgemeine info@-E-Mail-Adressen. Dieser Umstand macht es etwas aufwendig, den eigenen Presseverteiler zusammenzustellen.

Eine weitere Möglichkeit ist es, in einer größeren Bibliothek Adressen zu recherchieren. In einigen Bibliotheken sind Exemplare von Stamm und Zimpel verfügbar. Je nach Thema kann ein Besuch eines gut sortierten Zeitschriftenladens (denken Sie an den Bahnhof oder Flughafen) interessante Titel zutage fördern. Und auch Fachmessen haben sich in den letzten Jahren zur hervorragenden Gelegenheit entwickelt, um am Fachpressestand die relevanten, aktuellen Titel herauszusuchen und kostenlos mitzunehmen. Hier präsentieren sich die Verlage gerne als Medienpartner der jeweiligen Veranstaltung mit dem Ziel, interessierte Leser auf sich aufmerksam zu machen und damit zukünftige Abonnenten zu ködern. Alle notwendigen Kontaktdaten für Ihre Pressearbeit finden Sie dann im Impressum der jeweiligen Publikation.

In jedem Fall ist eine zusätzliche Internet-Recherche empfehlenswert, um Online-Portale zu finden, die Ihre speziellen Themen im Fokus haben. Suchen Sie bei Google nach „Portal" + „Ihr Thema". Fast zu jedem Interessengebiet gibt es heute Online-Medien, zu denen es keine gedruckte Ausgabe als Pendant gibt. Nichtsdestotrotz haben diese Portale oft eine enorme Reichweite, geben Newsletter heraus und liefern News per RSS an interessierte Leser. Diese Portale sollten daher nicht in Ihrem Verteiler fehlen.

Den Presseverteiler strukturieren

Haben Sie Ihre Adressen auf dem einen oder anderen Weg (kostenpflichtig oder durch Eigenrecherche) zusammengetragen, dann sollten Sie Ihren Datenbestand nun kritisch sichten. Welches Medium eignet sich für welche Information? Wird der Presseverteiler zu weit gefasst, ist das Risiko groß, dass Sie manche Redaktionen regelrecht vergrätzen.

Beispiel:
Was für Ihr Unternehmen und ein Werbemagazin noch interessant ist, kann für einen Handelsblatt-Redakteur wiederum null Relevanz haben: „Norman Schmitt ist jetzt Marketingleiter bei Handels GmbH in Buxtehude."

Idealerweise stückeln Sie Ihre Adressen daher in kleinere Einzelverteiler, zum Beispiel einen für Wirtschaftsthemen, einen für Produktthemen aus dem Segment A und einen für Produktthemen aus dem Segment B. Dies lässt sich in Excel sehr gut in einem Dokument mit mehreren Blättern realisieren. Für regional interessante Themen wie ein Firmenjubiläum, Auszeichnungen oder Kooperationen mit anderen örtlich ansässigen Firmen können Sie einen Einzelverteiler mit Tageszeitungen, Wochenblatt und dem zugehörigen IHK-Magazin vorbereiten.

Sollten Sie statt Excel eine Software für die Adressverwaltung einsetzen, ist es wichtig, dass Sie auch hier die Verteiler so zusammenfassen, dass Sie die thematisch zusammengehörigen Medien per Knopfdruck recherchieren und anzeigen lassen können.

Diese Kontaktdaten gehören in den Presseverteiler

Ihre Verteilerliste sollte zu jedem Medium den zugehörigen Verlag, die Adresse, Ansprechpartner in der Redaktion mit Vornamen und Zunamen, das zugehörige Ressort, Telefonnummer, Faxnummer und E-Mail-Adresse enthalten. Zusätzlich ist die Internet-Adresse hilfreich, wenn man einmal online Themen, Veröffentlichungen oder neue Ansprechpartner recherchieren möchte. Alle diese Informationen können in der Excel-Tabelle in einer Zeile stehen; nutzen Sie eine Datenbank, dann entspräche dies einer separaten „Karteikarte" oder einem „Kontakt". Stehen Ihnen die genannten Daten nicht für jedes Medium zur Verfügung, sollten Sie diese telefonisch erfragen, beispielsweise bei der Redaktionsassistenz des betreffenden Mediums. Nur dadurch können Sie sicherstellen, dass Ihre relevanten Informationen auch den richtigen Ansprechpartner erreichen. Gibt es mehrere Redakteure, die bei einer Zeitschrift arbeiten, sollten Sie für jeden eine separate Zeile (Karteikarte, Kontakt) anlegen.

Damit nachvollziehbar ist, welcher Kontakt wann eine Pressemitteilung oder separate Informationen erhalten hat, sollten Sie dies jeweils bei der entsprechenden Person vermerken. Auch telefonische Kontakte und die Gesprächsergebnisse notieren Sie hier. So erhalten Sie eine wertvolle Kontakthistorie.

Nähere Informationen zum Thema Journalistenkontakte können Sie in Kapitel 13 nachlesen.

6.
Online-PR – preiswert und schnell

An einigen Stellen in diesem Buch klang es bereits an: Die Pressearbeit weitet sich zunehmend auf das Internet aus. Auch die meisten Journalisten nutzen das World Wide Web als Arbeitsmittel. Daher ist es wichtig, dass Sie auch die wichtigsten Materialien für die Presse online bereitstellen – für Recherchen sowie auch für die direkte Weiterverarbeitung.

Der eigene Online-Pressebereich

Jede Unternehmens-Webseite sollte einen eigenen Online-Pressebereich haben. Viele Redaktionen recherchieren mittlerweile auf den Homepages nach Pressematerial, wie etwa aktuellen Pressemitteilungen oder auch Bildmaterial. Manche Unternehmen verstehen den Online-Pressebereich leider falsch und präsentieren hier keine Materialien für Journalisten, sondern ihren Pressespiegel. Dieser enthält dann Beispiele für die bisherigen Veröffentlichungen in Print- und Online-Medien. Der Pressespiegel hat für die Journalisten selbst jedoch keinerlei Bedeutung, sondern dokumentiert für alle Besucher eines Webauftritts die Präsenz des Unternehmens in der Presse.

Auf das Thema Pressespiegel und Monitoring der Veröffentlichungen gehen wir intensiv ein in Kapitel 14.

Ein professioneller Pressebereich lässt sich schnell aufbauen. Dieser sollte von der Startseite gut und sichtbar verlinkt sein. Optimal ist es, wenn es hier einen Button „Presse" gibt, mit dem man dann zum Presse-Startbereich gelangt.

Der eigentliche Presse-Startbereich besteht mindestens aus folgenden wesentlichen Bestandteilen:

- Archiv mit Pressemitteilungen
- Bildarchiv
- Kontaktdaten des Presse-Ansprechpartners
- Ergänzend ist ein RSS-Feed für die Pressemitteilungen zu empfehlen.

Abbildung 2: Beispiel Online-Pressebereich: Wie eine Pressemitteilung im Web angeboten werden kann

Ideal ist es, wenn auf oberster Ebene im Startbereich eine Übersicht über seine Struktur gegeben wird (dies lässt sich schon durch eine durchdachte Navigationsleiste erreichen). An dieser Stelle könnten auch bereits die Kontaktdaten des Presse-Ansprechpartners sichtbar sein. Besonders sympathisch ist es, wenn hier auch das Bild der zuständigen Person zu sehen ist. Journalisten möchten bei ihren Recherchen schnell zum Ziel kommen. Oft haben sie Zeitdruck, weil ein Heft in Kürze in den Druck gehen muss. Geben Sie daher unbedingt Durchwahlen und eine persönliche E-Mail-Adresse des Presse-Ansprechpartners an. Keinesfalls sollten Sie ein anonymes Formular verwenden, bei der Journalist seine Kontaktdaten eintragen und eine Frage formulieren soll, die er dann ins „Nirwana" absendet. Die schlechte Erfahrung mit solchen anonymen Formularen hat die meisten Journalisten gelehrt, dass sie nicht von einer schnellen Bearbeitung ausgehen können. Daher wirken Formulare eher abschreckend.

Anforderungen an das Text- und Bildarchiv

Das Archiv der Pressemitteilungen ist nach Datum absteigend zu sortieren – diese Darstellung ist mittlerweile zum allgemeinen Standard geworden. Die aktuellste Meldung sollte also oben stehen und sichtbar sein. Da die Anzahl der herausgegebenen Meldungen kontinuierlich steigt, werden alte Meldungen üblicherweise in ein nach Jahren sortiertes Archiv verschoben.

Im Bildarchiv sollten die verfügbaren Bilder in einer verkleinerten Vorschau-Version das Motiv bereits zeigen. Per Klick auf das Bild oder auf einen Link kann der Redakteur das Bild in der druckfähigen Auflösung (eps-, jpg- oder tiff-Format und 300 dpi) downloaden. Online-Redakteure freuen sich zusätzlich über eine Downloadversion speziell für Webseiten, die mit 96 dpi kleiner ist als die druckfähige Variante, aber größer als das Vorschaubild. Zu jedem Bildmotiv ist eine Bildzeile anzufertigen, die erläutert, wer oder was auf dem Bild zu sehen ist. Eine Quellenangabe können Sie in die Bildzeile integrieren.

Beispiel:
Die Firmenzentrale von Super-Consult in der Hamburger Speicherstadt (Bild: Super-Consult, Hamburg).

Verfügt Ihr Bildarchiv über eine Vielzahl an Bildern, sollten Sie sich Gedanken über eine nutzerfreundliche Strukturierung machen. Üblich sind etwa einzelne Bildersammlungen, die nach Themen, Produkten, Personen oder Standorten sortiert sind. Sorgen Sie dafür, dass ein Redakteur mit so wenigen Klicks wie möglich zum gesuchten Material gelangen kann. Als Faustformel gilt: Mit drei Klicks sollte man das gefunden haben, was man eigentlich suchte.

Richten Sie einen RSS-Button ein: Über RSS (Really Simple Syndication) kann der Journalist bei Interesse einfach Ihren Pressemitteilungsfeed abonnieren und sieht so in seinem Feedreader immer sofort, wenn es etwas Neues aus Ihrem Hause gibt. *Mehr zur RSS-Technologie können Sie in Kapitel 7 nachlesen.*

Freier Zugang zum Online-Pressebereich

Ein Pressebereich ist immer frei zugänglich. Errichten Sie keine Barrieren, zum Beispiel dadurch, dass sich Journalisten erst anmelden und sich für spätere Besuche ein Passwort merken müssen. Natürlich wäre es schön zu wissen, wer Ihren Pressebereich besucht und welche Bilder er heruntergeladen hat. Andererseits schreckt ein separater Zugang den Redakteur eher ab. Warum? Erstens: Was glauben Sie, wie viele Zugangsdaten sich ein Redakteur merken müsste, wenn jedes Unternehmen seinen Pressebereich sichern würde? Zweitens: Wenn Redaktionen im Internet nach Texten und Bildern recherchieren, muss es naturgemäß schnell gehen – der Redaktionsschluss sitzt ihnen im Nacken. Da bleibt nicht lange Zeit, sich umständlich zu registrieren und auf Bestätigungen und Passwörter zu warten. Drittens: Was Sie der Presse mitteilen wollen, soll ja ohnehin seinen Weg in die Medien finden. Dann spricht auch nichts dagegen, dass diese Informationen für andere Besucher Ihrer Webseite ebenfalls frei zugänglich sind. Bauen Sie daher keine unnötigen Hürden auf!

Passwörter sind nur in wenigen Ausnahmefällen sinnvoll. So darf etwa die Pharmaindustrie keine Werbung für verschreibungspflichtige Medikamente machen. Pressemitteilungen zu solchen Produkten werden dann aus diesem Grund nur nach Registrierung und Prüfung des Journalistenstatus freigeschaltet.

Zusätzliche Elemente des Online-Pressebereichs

Natürlich kann ein Pressebereich noch sehr viel mehr Bestandteile haben als bislang beschrieben. Je mehr sinnvolle Services Sie für die Journalisten anbieten, durch die ihre Arbeit erleichtert wird, desto besser.

Kontaktfeld für Journalisten

Über ein Kontaktfeld können Sie dem Journalisten die Kontaktaufnahme vereinfachen. Bieten Sie beispielsweise Themen zur Auswahl, auf die er seine Kontaktaufnahme beziehen kann, und bieten Sie ihm Anforderungsmöglichkeiten von Warenproben oder eine Anmeldemöglichkeit für den Presseverteiler.

Hintergrund-Informationen

Viele Redakteure schätzen zusätzliche Informationen rund um das Unternehmen, etwa zur Firmenhistorie, zu Geschäftsfeldern, Mitarbeiter- und Umsatzzahlen. Präsentieren Sie diese in Ihrem Pressebereich in einer separaten Rubrik. Neben den direkt online sichtbaren Informationen können Sie auch gerne ein gestaltetes Dokument im PDF-Format zum Download anbieten. Und sollten Sie einen Geschäftsbericht haben, gehört der natürlich ebenfalls in den Pressebereich.

Checklisten, E-Books, Whitepaper, Präsentationen

Auch Informationsmaterial, welches Sie für Interessenten und Kunden als „Mehrwert-Informationen" ausgearbeitet und aufbereitet haben, kann für Redakteure eine wertvolle Quelle sein. Voraussetzung sollte sein, dass der Inhalt überwiegend „neutral", zumindest aber nicht zu werblich geschrieben ist. Bieten Sie diese Papiere ebenfalls im PDF-Format zum Download an.

PR-Videos

Immer mehr Unternehmen und Einzelunternehmer lassen Videos für ihre Webseite anfertigen, beispielsweise als Firmenpräsentation, Interview, Produktdemonstration oder Ähnliches. Sind diese nicht zu werblich gehalten, sondern in einem redaktionellen Stil, und überwiegt der Informationscharakter, können Sie diese redaktionellen Materialien ebenfalls zum Download anbieten.

Fachartikel-Abstracts

Sie haben Ansätze und Ideen für viele Fachartikel, Anwenderberichte oder Interviews? Oder schlummert gar ein fertiger Beitrag in der Schublade und wartet auf Veröffentlichung? Dann stellen Sie zu jedem Thema eine kurze Zusammenfassung auf Ihre Presseseite, sodass Redaktionen eine Vorstellung davon bekommen können, welche Informationen sie aus Ihrem Haus abseits der üblichen Pressemitteilungen noch bekommen können. Die Abstracts können Sie darüber hinaus auch nutzen, wenn

Sie ein Redakteur im Telefonat oder bei einem Pressetermin um nähere schriftliche Infos zu Ihrem Vorschlag
bittet.

Im Trend: „Social-Media-Newsrooms"

Immer mehr Unternehmen entfalten Aktivitäten im
Social-Media-Bereich und bauen sie auch weiter aus.
Dieser Trend ist nicht mehr aufzuhalten. Eine logische
Folge ist der Wunsch, auf einer übersichtlichen Startseite alle Unternehmensinformationen im Web sowie die
genutzten Kanäle zu finden. Einige Unternehmen haben
dies auch bereits umgesetzt. Das Ergebnis dieser Bemühungen bezeichnet man als Social-Media-Newsroom.

Hier werden auf einer einzigen Webseite alle Quellen
gebündelt, die Informationen zum Unternehmen
bereithalten. Einfach ausgedrückt wird der Online-
Pressebereich um zahlreiche RSS-Feeds aus den Social-
Media-Kanälen erweitert. Zu den typischen Inhalten
gehören: Pressemitteilungen, Tweets (via twitter),
Blogeinträge, Bilder (zum Beispiel von der Bild-Platt-
form flickr), Videos (zum Beispiel der unternehmenseigene YouTube-Kanal) und auch Links zu Profilen auf
XING, facebook oder zu den Social-Bookmarks. Natürlich
dürfen auch hier Ansprechpartner für die Presse und die
persönlichen Kontaktdaten nicht fehlen. Optisch wird
die Seite in verschiedene Blöcke gegliedert, in die die
Informationen aus dem jeweiligen Kanal fließen. Über
die RSS-Technologie ist sichergestellt, dass jeweils die
aktuellsten Inhalte aus der jeweiligen Quelle im Social-
Media-Newsroom dargestellt werden.

Ziel der Social-Media-Newsrooms ist es, nicht mehr nur Journalisten anzusprechen, sondern auch weitere Multiplikatoren wie zum Beispiel Blogger. Darüber erfolgt die Verbreitung der Unternehmensinformationen auch automatisiert, etwa durch RSS-Feeds direkt in die Feedreader von Kunden, Interessenten, Fans oder Freunden. Bis vor Kurzem konnten noch Journalisten die Entscheidung treffen, welche Informationen es bis zur Öffentlichkeit schaffen. Auch wenn die Reichweiten sozialer Medien von vielen noch als gering eingestuft werden: Die Rolle des „Gatekeepers" wurde den Journalisten durch die Sozialisierung des Netzes inzwischen genommen.

Zwei Beispiele für gelungene Social-Media-Newsrooms:

Der Anbieter für kaufmännische Software-Lösungen Sage hat einen übersichtlichen Social-Media-Newsroom entwickelt: www.sage.de/socialmedia

Bei den Travel-Charme-Hotels werden die zahlreichen Online-Aktivitäten ebenfalls in einem Social-Media-Newsroom zusammengefasst: www.travelcharme-newsroom.com

Vorteile eines Social-Media-Newsrooms

- Journalisten und neue Multiplikatoren werden erreicht.
- Viele Multiplikatoren erwarten ihn inzwischen und stufen ihn als wichtig ein.
- Alle Unternehmensinfos im Web werden zentral zusammengestellt.
- Profile von Social Networks werden integriert.
- News-Services sind automatisiert verfügbar (via RSS & Alerts).
- Die Nachrichtendistribution erfolgt unabhängig vom Journalisten.
- Inhalte werden mehrfach genutzt.
- Der Social-Media-Newsroom hat durch starke Verlinkung Einfluss auf die Suchmaschinenoptimierung einer Firmenhomepage.

7.
Kommunikations-Chancen im Web 2.0

Heute redet man kaum noch vom Internet, sondern vielmehr von Web 2.0 und Social Media. Genau hierhin hat sich das Internet entwickelt und bringt auch täglich weitere Neuerungen – und die stellen alles bislang Dagewesene gehörig auf den Kopf. Sie betreffen sowohl die Gesellschaft als auch in ganz besonderer Form die Medien. Die klassischen Medien (Zeitungen, Zeitschriften, Fachmagazine, Radio und auch Fernsehen) spielen heute eine ganz andere Rolle als noch vor zehn Jahren. Alles wird multimedialer, die Zielgruppen insgesamt sind viel stärker segmentiert, und in immer stärkerem Maße kommt es auf einen Dialog mit Kunden und Interessenten an. Übrigens haben alle herkömmlichen Medien keine andere Chance, als selbst im Web 2.0 präsent zu sein. Dies tun sie mehr oder weniger intensiv und professionell. Nur wenige nutzen bisher die Möglichkeiten der neuen Kommunikationsformen wirklich vollständig aus, die anderen suchen noch einen für sie passenden Weg.

Auf Verlagsseiten, Kompetenzportalen und zahlreichen anderen Webpages entwickeln sich dennoch schon seit Jahren völlig neue Informations- und Kommunikationsangebote. Viele Verlage, aber auch viele Öffentlichkeitsarbeiter in Unternehmen und Agenturen haben noch ihre Schwierigkeiten, mit den technologischen Neuerungen Schritt zu halten. Für alle, die den Draht zu potenziellen Interessenten suchen, besteht durch das Web 2.0 die Möglichkeit, direkt mit der Zielgruppe zu kommunizieren. Nicht zuletzt durch diese Entwicklung sinkt derzeit die Bedeutung der Printmedien – und es steigt die Bedeutung der Online-Medien.

Einfluss von Bewertungen, Meinungen und Empfehlungen

In der Kommunikation müssen daher neue und für jedes Unternehmen individuelle Strategien entwickelt werden. Die Prinzipien der PR, klar, offen und glaubwürdig zu kommunizieren, lassen sich eins zu eins auch als „Spielregeln" im Internet anwenden. Und die Kommunikationstheorie *„Man kann nicht nicht kommunizieren"* des Wissenschaftlers Paul Watzlawick hat noch nie einen so hohen Wahrheitsgehalt gehabt wie in jüngster Zeit. Denn Unternehmen und Unternehmer haben es nur noch zu einem Teil in der Hand, was im Netz über sie zu lesen ist. Bewertungsportale, Foren, Communitys und Blogs dienen in großem Maß dem Austausch der Nutzer untereinander.

Speziell die „Social Networks" spielen hier eine große Rolle. Auf Plattformen wie dem Business-Netzwerk XING, auf facebook, Friendfeed oder twitter verlinken sich Menschen, die sich persönlich oder vielfach auch nur über das Internet kennen. Man liest die Einträge von Bekannten in Foren oder im Feed und nimmt daran Anteil. Empfehlungen von Produkten, Dienstleistungen, Anbietern sowie Tipps und Referenzen haben in den Social Networks Gewicht. Gleiches gilt natürlich auch für Kritik. Beispielsweise kann man sich bei *www.holidaycheck.de* über die Weiterempfehlungsrate bisheriger Gäste eines Urlaubshotels informieren. Liegt diese unter 50 Prozent, wird wohl kaum jemand erwägen, dieses Hotel tatsächlich zu buchen. Hotels, deren Weiterempfehlungsrate bei 98 Prozent liegt und die zudem noch mit vielen Smileys bewertet werden, haben dagegen auch weiterhin gute Chancen auf viele Gäste. Auf dem Bewertungs- und Empfehlungsprinzip basieren zahlreiche Portale – zum Beispiel Qype *(www.qype.com)*, wo die Nutzer ihren Arzt, Handwerker, Restaurants und Freizeiteinrichtungen beurteilen. Vielleicht wundert sich so mancher Gastronom, warum auf einmal die Gäste ausbleiben und das Geschäft bergab geht. Es könnte am Eintrag von Nutzer „manni_x76" liegen, wenn dieser schrieb: „Lahmer, unfreundlicher Service, schlechte Hygiene und nach dem Essen war mir schlecht!" Auch bei Amazon *(www.amazon.de)* stellen Kunden ihre Buchrezensionen ein. Und selbst wer bei Google nach einem bestimmten Unternehmen sucht, bekommt gelegentlich in der Trefferliste die Option „Beurteilung schreiben" oder Links zu Bewertungen angezeigt.

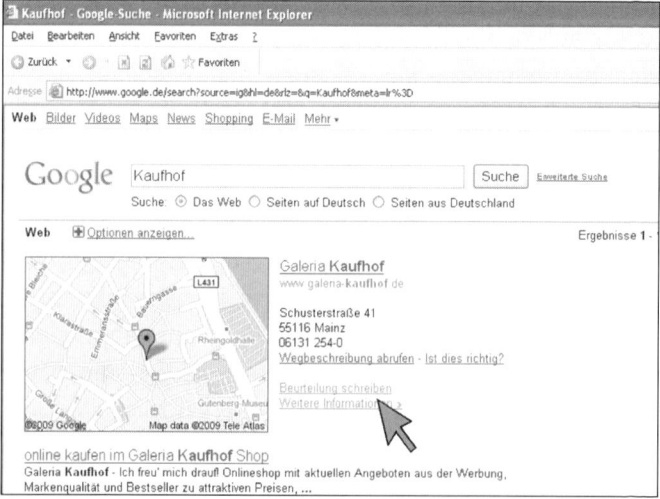

Abbildung 3: Für manche Suchtreffer bietet Google die Option „Beurteilung schreiben".

Ein weiterer Trend ist, dass zwischenzeitlich bereits Unternehmen ihren Lieferanten und Dienstleistern Noten ausstellen: So zeigt etwa das Bewertungsportal „Benchpark" (*www.benchpark.com*), wie zufrieden Kunden beispielsweise mit dem Anbieter von Softwarelösungen, mit ihrer Werbeagentur, einem Messeveranstalter oder mit einer Personalberatung sind. Auch Anbieter, die in diesen Rankings eigentlich lieber gar nicht auftauchen möchten, stehen hier im direkten Vergleich mit ihrem Wettbewerb, wenn sie einmal vom Kunden eingetragen wurden. Ebenso bei „Kennst Du einen" (*www.kennstdueinen.de*), wo Gewerbetreibende, Handwerker, Friseure, Ärzte und sonstige Anbieter aller Art von ihren Kunden beurteilt werden. Das Konzept dieses Portals ist es, die Anbieter als zahlende Kunden zu gewinnen. Diese sollen dazu gebracht werden, sich Referenzen beim Endkunden gezielt einzuholen und von einer Vielzahl an Empfehlungen zu profitieren. Ähnliches kann man übrigens seit Herbst 2009 auch bei XING machen. Die Funktion „Referenzen" dient ebenfalls dazu, sich eine Empfehlung bei bestehenden Kontakten einzuholen und innerhalb des Business-Netzwerkes somit noch mehr Vertrauen aufbauen zu können.

Entscheidungen werden online getroffen

Einer Studie der Handelshochschule Leipzig (HHL) und der Unternehmensberatung McKinsey & Company zufolge wächst auch die Zahl der Konsumenten, die zur Informationsbeschaffung vor einem Kaufentscheid das Internet zurate ziehen. Jeder zweite von 1.500 Befragten in der repräsentativen Untersuchung aus dem Jahr 2009 geht ins Internet, und bereits 20 Prozent wollen sich vorrangig durch Social Media informieren. Der Einfluss der mündigen und mitteilsamen Kundschaft ist also groß. Ebenso groß wie die Bereitschaft, sich untereinander auszutauschen, Bewertungen abzugeben, gute Anbieter zu empfehlen sowie schlechte Erfahrungen weiterzugeben. Für Unternehmer und Unternehmen ist es daher wichtig und unverzichtbar, das Web und seine Foren intensiv zu beobachten. Selbst wenn Sie selbst keine Online-Interaktion mit dem Kunden in Betracht ziehen – wenn es Ihr Kunde wünscht, kann er sich auf einer Vielzahl von Plattformen mit Lob und Tadel äußern. Sollten im Netz irgendwo Kritiken oder Beschwerden auftauchen, ist es deshalb wichtig, frühzeitig Kenntnis davon zu erlangen. Es besteht dann die Möglichkeit, auf die Beschwerden einzugehen, Lösungsvorschläge anzubieten oder auch falsche Angaben richtigzustellen. Das Ziel sollte sein, negative Informationen über das eigene Unternehmen oder Produkt nicht unkommentiert im Netz stehen zu lassen, sondern eine Dialogbereitschaft mit den Kunden zu demonstrieren. Dies sollte im Fall der Fälle allerdings sehr behutsam und mit Weitsicht geschehen. Denn in der Kommunikation geraten die Dinge sonst schnell außer Kontrolle.

Beispiel:
Welche Wirkungsweise im Web geäußerte Kritik haben kann, zeigt eine besonders prominente jüngere Anekdote: Der Country-Sänger Dave Carrol machte aus seiner Verärgerung über die Fluggesellschaft United Airlines einen Song und nahm dazu ein satirisches Video auf. Mitarbeiter der Fluglinie hatten seinen Gitarrenkoffer unsanft auf einen Gepäckwagen geworfen, was er und seine Band-

kollegen mit eigenen Augen vom Flugzeugfenster beobachtet hatten. Das Instrument der Marke Taylor ging dabei kaputt – der Schaden betrug 3.500 US-Dollar. Eine Erstattung gab es für Carrol jedoch nicht. Der Musiker stellte seinen Song „United breaks Guitars" („United zerstört Gitarren") ins Internet. Er wurde mehr als sechs Millionen Mal angesehen. Durch diesen Song wurde der zuvor unbekannte Sänger selbst international richtig berühmt – und bei der Airline sanken Medienberichten zufolge die Aktienkurse. Letztlich stellte die Fluggesellschaft dem Musiker einen Scheck aus, um den Schaden zu erstatten. Das Geld stiftete Carrol einem guten Zweck. Eine neue Gitarre hatte er bereits vom Hersteller Taylor geschenkt bekommen, der die Gunst dieser PR-Stunde frühzeitig zu nutzen wusste.

Vorsicht bei Schnellschüssen und Abmahnungen

Selbst große Unternehmen mit professionellen Kommunikationsabteilungen sind im Web 2.0 schon weit übers Ziel hinausgeschossen. Typisch ist folgendes Szenario, das sich in der Vergangenheit bereits so oder so ähnlich abgespielt hat. Ein Unternehmen schickt eine Abmahnung an einen Blogbetreiber, der sich kritisch über das Firmenlogo geäußert hat. Dieser entfernt jedoch die Kritik nicht wie erhofft stillschweigend vom Blog, sondern setzt auf seine gute Vernetzung in der Blogosphäre. Es passiert schnell Folgendes: Der Blogger verfasst einen neuen Blogbeitrag über die Abmahnung und ihre Hintergründe. Andere Blogger verbreiten die Nachricht, verlinken den Beitrag und greifen ihn in Foren oder bei twitter auf. Nun werden auch die klassischen Medien und Online-Portale wie *bild.de*, *stern.de* oder *spiegel.de* aufmerksam. Sie berichten publikumswirksam über den Fall, bei dem sich „David" (der Blogger) gegen „Goliath" (das Unternehmen) zur Wehr setzen muss. Innerhalb weniger Stunden macht die Nachricht die Runde. Die zahlreichen Beiträge bewirken, dass sich eine Vielzahl von Menschen, die im Internet aktiv sind, mit dem Blogger solidarisch erklärt und Partei ergreift. Das gemeinsame Feindbild ist das betroffene Unternehmen. Zahlreiche neue Artikel und Kommentare entstehen, in denen das abmahnende Unternehmen erneut in schlechtem Licht dasteht. Hinzu kommt dann noch, dass nun auch von jedem, der sich dazu berufen fühlt, die Kommunikationsfähigkeit des Unternehmens im Web 2.0 bewertet und in der Regel als schlecht beurteilt wird. Nicht selten werden offene Aufrufe gestartet, das betreffende Unternehmen und seine Produkte künftig zu boykottieren.

Web-Nutzer ernst nehmen

Sehr viel glimpflicher könnte dieser Fall ablaufen, wenn man aktiv auf die Kritik eingeht. Im genannten Beispiel ließe sich auf die Äußerungen zum Logo eingehen und nachfragen, warum dieses nicht gefällt und wie es verbessert werden könnte. Alternativ könnte das Unternehmen im Blog einen Kommentar schreiben und seine Beweggründe darlegen, warum das Logo so und nicht anders gestaltet wurde. Wer den Dialog mit seinen Kunden und deren Kritik nicht scheut, könnte auch eine Umfrage auf der eigenen Webseite zur Akzeptanz des Logos initiieren, also offensiv mit der Kritik umgehen. Jeder dieser möglichen Schritte wäre besser und würde von den Kunden positiver honoriert werden als die schnelle Abmahnung.

Interessanterweise listet Google neue Informationen wie beispielsweise Zeitungs- und Blogartikel bei den Suchmaschinenergebnissen recht weit oben. Dies hat für Unternehmen, die berechtigt oder unberechtigt ins Kreuzfeuer der Kritik geraten, einen enormen Nachteil. Alle Bemühungen, die eigene Webseite oder den Online-Shop mit Suchmaschinenoptimierung auf Platz 1 bei Google zu hieven, sind innerhalb kürzester Zeit zunichtegemacht, wenn dann ab Platz drei nur noch Links zu Artikeln mit dem Tenor „Unternehmensberatung AG startet Abmahnwelle gegen Blogger" zu finden sind.

Tipp

Lassen Sie sich ganz aktuell und automatisiert informieren, wo im Internet Ihr eigener Name oder der Unternehmensname auftaucht! Dies erledigt sehr zuverlässig der „Google Alert". Hier kann man alle relevanten Suchbegriffe in einer Liste verwalten und hierzu auswählen, ob man diese in Nachrichten oder auch in anderen Web-Inhalten suchen möchte. Google schickt Ihnen die Fundstellen per E-Mail zu, wahlweise einmal täglich oder in anderen zeitlichen Intervallen.

Darüber hinaus lassen sich natürlich auch Ihr Mitbewerb, bestimmte Personen, die für Sie von Interesse sind, oder bestimmte Schlagwörter (zum Beispiel „Projektmanagement") mit Google Alerts gezielt beobachten.

Weitere Möglichkeiten des Monitorings von Veröffentlichungen und Blogs werden im Kapitel 14 vorgestellt.

Im Sinne der Online-Reputation sollten Unternehmen also möglichst weitsichtig agieren, negative Kundenreaktionen so gut es geht ausschließen und entsprechende Schlagzeilen vermeiden. Um möglichst viele positive Verlinkungen zur eigenen Seite oder zu Artikeln im Web zu erreichen, wird auch die Pressearbeit (oder besser die eigene Öffentlichkeitsarbeit) gezielt aufs Web 2.0 ausgedehnt. Warum man dieses auch als „Mitmach-Web" bezeichnet, ist durch die zahlreichen Beispiele der Bewertungs- und Rezensionsportale sicherlich schon deutlich geworden. „Mitmach-Web" heißt darüber hinaus aber auch: Es geht vorwiegend um Inhalte, die von den Nutzern erstellt werden („User generated Content").

Kostenfreie PR-Portale

Dies ist die große Chance für Einzelunternehmer und Unternehmen: Denn beim „User generated Content" geht es eben nicht nur um die genannten Bewertungen und Kritiken: Auch Informationen aus den Unternehmen selbst haben ihren Platz im Web. Zahlreiche (überwiegend kostenfreie) Online-Presseportale beispielsweise stehen im Web bereit, in die man ohne Weiteres jede Pressemitteilung eintragen kann. Die Portale sind somit riesige Speicher für Unternehmensinformationen aller Art, die ständig mit mehr oder weniger gut gemachtem PR-Material gefüttert werden. Sie bieten einen ungemeinen Vorteil: Sie basieren auf einem Content-Management-System, in das die Nutzer ihre Informationen über ein Online-Formular selbst eintragen. Die Seiten werden anschließend dynamisch generiert. Diese Dynamik honorieren Suchmaschinen wie Google. Sie erkennen, dass die Webseite – im Gegensatz zu vielen statischen Unternehmens-Homepages – ständig aktualisiert wird, und weisen ihr daher eine große Bedeutung zu. Das Ergebnis ist, dass PR-Portale daher in den Suchmaschinen-Ergebnissen weit oben rangieren. Wenn Sie Ihre Pressemitteilungen dort eintragen, haben Sie also ein tolles Sprungbrett zu Ihrer Seite, wenn ein Nutzer bei der Suche nach einer Dienstleistung oder einem Produkt auf Ihre Information stößt. Sie profitieren darüber hinaus von der Verlinkung des Portals auf Ihre eigene Webseite, welche dann ebenfalls Einfluss auf die Suchmaschinen-platzierung hat. Es kann sich also durchaus lohnen, alle Pressemitteilungen künftig in geeignete PR-Portale ein-zutragen.

Der Nachteil der meisten Online-PR-Portale ist dagegen folgender: Es ist eine Illusion zu glauben, dass Journalisten hier nach Informationen für ihre künftigen Artikel recherchieren. Diese Annahme ist schlichtweg falsch – und bei genauerer Betrachtung auch nach-vollziehbar:

Journalisten werden mit Pressemitteilungen aus Unter-nehmen so überhäuft, dass sie kaum die Zeit finden, jede Nachricht ernsthaft auf ihre Bedeutung hin zu überprüfen. In den meisten Fällen genügt schon ein kurzer Blick auf den Absender und die Headline, um eine Pressemitteilung entweder zu löschen (wenn sie per E-Mail geschickt wurde) oder in den Papierkorb zu werfen. Halten Absender und Headline dieser ersten Prüfung stand, wird noch der erste Absatz kurz überflogen. Steht hier Relevantes für den jeweiligen Redakteur, besteht die Chance, dass die Meldung berücksichtigt wird.

Journalisten stehen auf dem Standpunkt, dass Pressesprecher und PR-Agenturen ihre Arbeit ordentlich und professionell machen sollen. Das heißt, in erster Linie muss derjenige, der Pressearbeit betreibt, natürlich auch wissen, wen eine Meldung interessieren könnte. Dies erfordert exakte Recherchearbeiten, um die zuständigen Ansprechpartner in den Redaktionen ausfindig zu machen. Ein Journalist geht stillschweigend davon aus, dass ein Unternehmen ihn direkt mit Informationen beliefern wird, wenn es denn relevante Nachrichten für ihn hat. Nicht zuletzt aufgrund der ungeheuren Informationsflut im eigenen Posteingang und des drastischen Personalabbaus in den Redaktionen seit einigen Jahren hat ein Journalist einfach weder die Zeit noch die Kapazität, um auf PR-Portalen nach möglicherweise interessanten Informationen zu suchen. Er wird bei Recherchen stattdessen ganz andere Quellen anzapfen, wie beispielsweise den Online-Pressebereich eines Unternehmens. Auch die im untenstehenden Kasten aufgeführten kostenfreien Presseportale sind nicht dazu geeignet, Nachrichten über den Kanal Presse aktiv an den Endkunden weiterzutragen.

Die Möglichkeiten, einen eigenen Online-Pressebereich aufzubauen, haben wir Ihnen in Kapitel 6 genauer vorgestellt.

PR-Portale sind daher kein Ersatz für einen eigenen, handverlesenen Presseverteiler und persönliche Kontakte. Sie sind aber durchaus ein Multiplikator und zusätzlicher Kanal, über den die eigenen Botschaften verbreitet werden sollten. PR-Portale werden von vielen Unternehmen intensiv genutzt. Wenn man einmal registriert ist und die Besonderheiten des einzelnen Portals kennt, ist es ein überschaubarer Aufwand, eine Meldung auf diesen Plattformen einzustellen: Vergeben Sie diese Chance nicht, und betrachten Sie die PR-Portale als ein relevantes Online-Marketing-Tool, mit dem Sie Verbraucher und Leser auf dem direkten Weg erreichen können.

> **Übersicht der wichtigen kostenlosen PR-Portale**
>
> - www.PR-inside.com
> - www.Live-PR.com
> - www.openPR.de
> - www.Firmenpresse.de
> - www.pressemitteilung.ws
> - www.Presseanzeiger.de
> - www.Offenes-Presseportal.de
> - www.Businessportal24.com
>
> Die genannten Pressedienste im Internet werden bei „Google News" erfasst und bieten somit die Chance auf erhöhte Klickraten, wenn Internetnutzer speziell in dieser Rubrik recherchieren. Dies hat die Untersuchung eines selbstständigen Blog-Beraters in 2009 ergeben.

Kostenpflichtige PR-Portale

Neben den kostenfreien PR-Portalen gibt es auch kostenpflichtige Anbieter. Diese bieten einen zusätzlichen Service: Neben der Aufnahme einer Pressemitteilung in das Portal wird diese auch an Redaktionen und einzelne Journalisten verbreitet – in aller Regel per E-Mail oder auch auf den Nachrichtenticker der Tageszeitungen. Daneben gibt es auch Versandservices, die internationale Presseorgane berücksichtigen. Dies mag für Unternehmen interessant sein, die gelegentlich auch in anderen Ländern PR-Meldungen verbreiten wollen. Allerdings kann auf Dauer eine Person oder PR-Agentur, die im jeweiligen Land vor Ort authentisch kommuniziert, sehr viel effizienter und erfolgreicher agieren.

Der Versand über einen externen Anbieter ist in der Regel nicht ganz billig. Es sollte daher genau geprüft werden, welche Medien oder Medien-Gruppe im Verteiler sind und ob diese für die Meldung wirklich relevant und interessant sein können. Wenn auch Tageszeitungen angeschrieben werden sollen, ist ein Versand beispielsweise über ots (der Anbieter News Aktuell ist ein Tochterunternehmen der Nachrichtenagentur dpa) denkbar. Es lassen sich hier auch thematische Extra-Verteiler nutzen. Entscheiden Sie sich für den Versandweg über einen solchen Anbieter, sollten Sie in jedem Falle die Ergebnisse prüfen *(Zum Thema Ergebnismonitoring und Clippingdienst informiert Sie das Kapitel 14 ausführlich.)* Bleibt die Anzahl der Veröffentlichungen deutlich hinter Ihren Erwartungen zurück, dann ist es für die nächste Aussendung sicher wirtschaftlicher, einen eigenen Verteiler mit persönlich gepflegten Kontakten einzusetzen.

Bitte fallen Sie nicht auf leere Versprechungen unseriöser Anbieter herein, die Ihnen für eine Aussendung einer Pressemitteilung eine Verbreitung an 10.000 oder mehr akkreditierte Journalisten versprechen. Denn: Sie haben ja die für Sie relevanten Medien bereits recherchiert. Waren es hundert, zweihundert oder dreihundert, die für Ihr Spezialthema infrage kamen? Daher ist es in höchstem Maße unwahrscheinlich, dass dieser Verteilerdienst Ihre Pressemitteilung tatsächlich in den Fokus einer so hohen Zahl an Journalisten bringen wird. Bedenken Sie: Wenn Sie zuvor Ihre eigentliche Zielgruppe als „Special Interest" eingegrenzt haben, warum sollten sich plötzlich 10.000 Journalisten als mögliche Multiplikatoren für Ihr Thema interessieren ...? Eben! Setzen Sie also möglichst nicht auf ein solches Gießkannenprinzip, sondern lieber auf einen kleinen, aber wirklich feinen Verteiler!

Eigen-PR: In Experten-Portalen glänzen

Wie schon ausgeführt, ist das besondere Kennzeichen des Web 2.0 eigentlich der *Dialog zwischen Unternehmen und Nutzern*. PR-Portale, auch wenn sie die wohl am meisten genutzte Form der Kommunikation für PR-Leute sind, sind daher doch eher noch als Internet 1.0 zu bezeichnen. Hier werden einfach nur Inhalte eingestellt oder „gepusht", selbst wenn teilweise Kommentare möglich oder Bookmarking-Funktionen integriert sind. Kommen wir daher zu weiteren Möglichkeiten der Presse- und vor allem Öffentlichkeitsarbeit im Internet.

Ein wichtiger Kanal, über den Sie Ihre Botschaften verbreiten sollten, sind Experten-Portale. Zu den nennenswerten Portalen zählen Competence-Site *(www. competence-site.de)*, Brainguide *(www.brainguide.de)* und auch Marketing-Börse *(www.marketing-boerse.de)*. Hier lassen sich Artikel, die Sie beispielsweise für eine Zeitung geschrieben haben, noch ein zweites Mal verwenden. Berücksichtigen Sie dabei bitte, ob Sie mit den Redaktionsansprechpartnern eine Exklusivität oder ein Erstveröffentlichungsrecht vereinbart haben. Diese Absprache hat natürlich Vorrang vor der Veröffentlichung des Artikels in einem Portal! Sollten Sie Exklusivität zugesichert haben, besteht dennoch die Möglichkeit, den Artikel noch einmal neu zu formulieren, bestimmte Aspekte wegzulassen, neue hinzuzunehmen und den Beitrag so für eine Zweitverwertung zu überarbeiten.

Die Publikation von Fachartikeln oder auch schriftlichen Interviews in einem Experten-Portal bietet den Vorteil, dass dieser Beitrag über lange Zeit im Internet zugänglich sein wird. Sie können daher in E-Mails oder von Ihrer Webseite aus sehr gut die Fachartikel verlinken, beispielsweise mit dem Zusatz „Auf dem Portal Competence-Site wurde ein Artikel über unser Unternehmen veröffentlicht". Zudem haben die Portale durch ihren ständig erneuerten Inhalt auch eine hohe Platzierung im Suchmaschinenranking. Daher stehen die Chancen gut, dass Interessenten bereits über eine Internet-Suche auf Ihren Artikel und Sie als Experten stoßen können.

Anregungen zum Schreiben von Fachartikeln finden Sie übrigens in Kapitel 10.

Aktiv werden in sozialen Netzwerken

Auch in den Social Networks kann man sich als Experte positionieren. Dies gelingt einerseits über das eigene Profil, andererseits über eine aktive Teilnahme in geeigneten Foren.

Speziell XING *(www.xing.com)* bietet als Business-Netzwerk hierfür eine hervorragende Plattform. Im Profil kann man hier unter „Ich suche" und „Ich biete" die relevanten Informationen zum eigenen Tätigkeitsgebiet unterbringen. Seien Sie dabei so konkret wie möglich. Es schadet darüber hinaus nichts, neben ernsthaften und ehrlichen Such- und Biete-Informationen auch ein wenig Humor zu beweisen. Hierzu schreibt Jochen Mai, Sachbuchautor für Karrierethemen in seinem Blog: *„Sie sollten zwischendurch gedankliche Stolperfallen einbauen. Auch das macht neugierig und hebt Sie aus der Masse empor. Ich habe zum Beispiel kein Problem damit, mich dort zu meiner ‚Schuhgröße 44' zu bekennen. Meine Schuhe hat mir deswegen zwar noch keiner abkaufen wollen, trotzdem werde ich hin und wieder darauf angesprochen – und sei es nur, weil der Betreffende an der Stelle schmunzeln musste"* (Mai, www.karrierebibel.de, 2009). Der XING-Experte Joachim Rumohr setzt ebenfalls auf den Überraschungseffekt. Unter *„Ich suche"* hat er in seinem Profil eingetragen: *„Karten für die Sendung ‚Inas Nacht' auf NDR, Restaurants für Cross-Table-Dinner mit Platz für mehr als 120 Gäste in Hamburg, keine neue Herausforderung – freue mich jedoch auf Ihre Nachricht."* Erwarten würde man unter dem Punkt „Ich suche" vermutlich eher die bekannten Phrasen wie „Neukunden, Kontakte, Unternehmen mit Bedarf an Kommunikationsberatung" oder

Ähnliches. Dagegen ist es recht ungewöhnlich, dass jemand über das XING-Profil Eintrittskarten sucht. Wer über diese Information jedoch stolpert (beispielsweise in der Rubrik „Neues aus meinem Netzwerk") und weiß, wie man an die Karten herankommt, wird Herrn Rumohr sicherlich ansprechen. Damit ist ein wesentliches Ziel erreicht: Auffallen und Anlässe für eine Kontaktaufnahme bieten.

Relevant ist bei XING auch die Information zur eigenen Position: Finden Sie hier anstelle einer langweiligen Beschreibung wie „Inhaber" eine prägnante Formulierung für das, was sie tun. Steht hier etwa „Erfolgscoaching für Unternehmer – nichts dem Zufall überlassen", dann wirbt diese Information neben Ihrem Portrait auch bei allen Beiträgen, die Sie in den Foren schreiben. In diesem Falle sind Ihnen neugierige Klicks anderer Teilnehmer des Forums auf Ihr Profil sicher.

Selbstverständlich gehört ein gutes Porträtfoto zu einem Expertenprofil! Dieses wirbt für Sie und baut Vertrauen auf. *Nähere Hinweise zu Fotos für die Pressearbeit finden Sie im Kapitel 11!*

Zusätzlich zu XING wäre Facebook (*www.facebook.com*) zu nennen. Ursprünglich als Plattform gegründet, welche die Kontaktaufnahme und -pflege unter Studenten erleichtern sollte, hat Facebook zum Zeitpunkt, als dieses Buch entstand, mehr als 200 Millionen aktive Mitglieder weltweit. In Deutschland hat sich die Zahl der Nutzer von 2008 auf 2009 vervierfacht und beträgt rund zwei Millionen. Täglich kommen neue hinzu.

Inzwischen entdecken auch immer mehr Medien und Unternehmen Facebook. Über eine „Fanpage" lassen sich auch Fans und andere interessierte Personen binden. Wer sich erst einmal als „Fan" oder „Freund" angemeldet hat, sieht dann auf seiner Startseite immer die neuesten Beiträge, Informationen, Fotos sowie auch die Kommentare anderer Nutzer. Mittlerweile gibt es auch Bücher und Seminare zu „Facebook-Marketing". Eine interessante Werbegruppe sind die vielen webaffinen und kommunikationsfreudigen Nutzer ganz sicher. Es kann daher lohnend sein, sich auch als Unternehmer mit der Plattform zu beschäftigen und auszuloten, ob dies künftig ein wichtiger Kanal für die Unternehmenskommunikation wird.

Zuhören und Hinschauen: Audio- und Video-Podcasts

In einem Audio-Podcast Expertenwissen zu vermitteln, ist eine clevere Form der Kundenbindung. Viele Nutzer laden sich Podcasts auf ihren MP3-Player und hören die Informationen in öffentlichen Verkehrsmitteln, beim Sport oder zuhause auf dem Sofa. Etwa über den iTunes-Store von Apple lassen sich gut gemachte Podcasts verbreiten, und neue Folgen werden automatisch auf den Geräten der Podcast-Abonnenten aktualisiert. Natürlich gehören Audio-Podcasts auch auf die Firmenhomepage.

Immer mehr Unternehmen entdecken die Möglichkeiten, über Videos zu kommunizieren. Im Netz findet man sowohl amateurhafte Mitschnitte von Kurzinterviews im Rahmen von Events, die mit der Digitalkamera gemacht sind, als auch professionelle Imagefilme, die mit Musik und professionellem Ton aus dem Off hinterlegt sind. Die Bandbreite dazwischen ist ebenfalls groß. Wichtig ist: Spezialisierte Inhalte und Einzigartiges haben im Web große Chancen, gesehen zu werden. Die Bereitschaft von Internet-Nutzern, Video-Files anzuklicken, ist groß. Hierin besteht dann auch die Chance für Einzelberater, Coaches, Buchautoren und kleinere Unternehmen: Relevante Informationen im Video preiszugeben, hat gute Aussichten auf eine virale Verbreitung und Verlinkung, beispielsweise von Blogs, von XING, von facebook oder twitter. Neben der Veröffentlichung eines Videos auf der eigenen Seite sollte auch eine Veröffentlichung auf typischen Videoplattformen wie YouTube selbstverständlich sein.

Selbst publizieren im Blog

Weblogs oder Blogs sind Webseiten, in denen Autoren zu bestimmten Themen chronologisch publizieren. Der aktuellste Beitrag steht immer an oberster Stelle. Charakteristisch für die Blog-Technologie ist, dass die Beiträge von jedermann lesbar sind. Kommentarfunktionen ermöglichen es dem Leser, seine Meinung oder Fragen zum Beitrag zu notieren – teils müssen sie vom Blogbetreiber separat freigeschaltet werden, teils sind sie sofort sichtbar. Durch die Kommentarfunktion kann sich ein Dialog zwischen Autor und Leser oder aber auch unter den Lesern entfalten. Verlinkungen zu Beiträgen auf anderen Webseiten und Blogs sowie in Form einer „Blogroll" (dies sind Leseempfehlungen, die der Autor seinem Leser mit auf den Weg gibt) möglich.

Jeder Beitrag hat eine feste Adresse, einen sogenannten Permalink. Ein Link von einer fremden Seite verweist daher nicht auf den jeweils aktuellsten Artikel, sondern kann konkret einen bestimmten Beitrag adressieren. Über Trackbacks oder Backlinks lassen sich Referenzierungen und Verlinkungen durch andere Weblogs nachvollziehen.

Blogs eignen sich in der Unternehmenskommunikation dazu, Informationen und Themen ganz individuell und ohne das starre Korsett vorgegebener Homepagestrukturen zu behandeln. Die Leser können sich ein Bild davon machen, mit welchen Themen sich der Autor oder die Autoren ganz aktuell beschäftigen. Es lassen sich unter anderem Tipps geben, Blicke hinter die Kulissen werfen oder auch Interviews führen und Umfragen initiieren. Verpönt ist es allerdings, lediglich aktuelle Pressemitteilungen oder Werbetexte im Blog zu posten, da diese dem Leser eines Blogs keinen Mehrwert bieten. Erzählen Sie lieber die Geschichte hinter einer Pressemitteilung! Dies kann bei einer geplanten Veranstaltung beispielsweise eine Panne bei der Organisation sein. Oder bei der neuen Vertriebspartnerschaft mit einem Händler in den USA ein kleiner Bericht über die Auslandsreise und Einblicke in andere Kulturen. Auch der lustige Abschlussbericht eines Schülerpraktikanten, der in Ihrem Unternehmen beschäftigt war, wäre vielleicht ein schöner Anlass für einen Beitrag im „Corporate Blog".

Kompetent mitzwitschern bei twitter

Twitter *(www.twitter.com)* ist eine besondere Form des Bloggens: das Microblogging. Hier geht es darum, seine Message in 140 Zeichen auf den Punkt zu bringen. Diese Kurznachrichten bezeichnet man als Tweets. Um mitzubekommen, was andere Nutzer von sich geben, „folgt" man diesen. Umgekehrt gewinnt man selbst Follower – das sind dann die Nutzer, die Ihrem eigenen Account folgen und neugierig sind, was Sie der Welt mitzuteilen haben. Das „Zwitschern im Netz" erscheint vielen, die sich zum ersten Mal mit der Plattform vertraut machen, als wirres, ungeordnetes und wenig zielgerichtetes Kommunizieren. Auf manche wirkt es sogar über die Maßen banal: Das typische Vorurteil gegen twitter ist, dass die Nutzer sich nur über Uninteressantes austauschen wie etwa „Ich geh' mir jetzt mal einen Kaffee holen". Aber sie haben natürlich die Wahl, wem Sie folgen: Entdecken Sie beispielsweise ausgewiesene Experten, die aus Ihrem Fachgebiet berichten. Profitieren Sie von zahlreichen Empfehlungen, Lesetipps oder Diskussionen, die sich auf twitter entfalten. Viele Nutzer teilen in ihren Tweets gerne ihr Know-how, indem sie beispielsweise auf die neuesten Gedankenblitze in ihrem Blog verweisen! Oder Sie nutzen die Möglichkeit, Fragen in die Runde zu stellen und blitzschnell hilfreiche Antworten zu bekommen! Auch kleine Umfragen lassen sich unkompliziert durchführen, um ein Stimmungsbild oder eine Entscheidungshilfe zu bekommen. All dies und noch mehr bietet twitter.

Es gibt inzwischen nachgewiesenermaßen Unternehmen, die über twitter Geld verdienen – die Computerfirma Dell ist hierfür das Paradebeispiel. Ein anderes positives Beispiel ist die Zeichnerin Michaela Aichberger *(www.twitter.com/frauenfuss)*, die unter dem Account ihre Follower malt. Aichberger berichtete in Interviews von Aufträgen, die sie über diese Aktion bekommen hat, und zahlreiche Projekte, die gemeinsam mit anderen Twitterern im Entstehen sind. Ende 2009 tourte sie mit einer Ausstellung ihrer Bilder, die sie in Moleskine-Bücher zeichnet, durch verschiedene deutsche Städte. Dies ist ein sehr schönes Beispiel, wie man twitter für die Eigen-PR perfekt einsetzen kann.

Es sind also in der Tat vielfältige Möglichkeiten vorhanden, diesen Kommunikationskanal zielgerichtet zu nutzen. Ähnlich wie beim Bloggen kommt es auch bei twitter auf das authentische und glaubwürdige Kommunizieren an.

Beispiel:
Das wohl am meisten zitierte Vorbild für authentische und intensive Twitter-Kommunikation ist US-Präsident Barack Obama. Seinem Twitter-Profil folgen 2,6 Millionen Menschen. Speziell durch den Einsatz von twitter im Wahlkampf, in dem Obama scheinbar persönlich und authentisch mit den Menschen kommunizierte, wurde der Microblogging-Dienst richtig bekannt. Und Obamas Web-2.0-Kompetenz (er kommunizierte unter anderem auch

*über YouTube und facebook) galt als einer der Haupt-
gründe für seinen Wahlsieg. Allerdings wurde der Mythos
inzwischen bereits entzaubert. Obama räumte während
einer Asienreise im Herbst 2009 vor Studenten ein, dass
er gar nicht twittern könne, weil seine „Finger zu un-
geschickt seien, Nachrichten ins Telefon zu tippen." Damit
kann man die zuvor hoch gehandelten Themen Authentizität, Technikaffinität und Medienkompetenz in Bezug auf
Obamas Twitter-Kommunikation also ad acta legen. Das
Bekenntnis brachte seine Glaubwürdigkeit ins Wanken.
Zuvor galt als gesichert, dass er seine Tweets zumindest
gelegentlich persönlich absetzt.*

Tipp

Für eine als authentisch empfundene Kommunikation via
twitter (aber auch in Blogs und auf anderen Social-Web-
Seiten) ist es wichtig zu wissen, wer hier kommuniziert.
Dies sollte namentlich im jeweiligen Profil hinterlegt sein.
Auch weiterführende Links zu Unternehmenswebseiten oder
zu einem XING-Profil helfen dem Leser, Ihre Informationen
als glaubwürdig einzustufen. Viele Nutzer von twitter verwenden auch ein eigenes Hintergrund-Bild, sodass ihre
Twitterseite einzigartig und unverwechselbar ist – sie lässt
sich dann auch ans eigene Corporate Design anlehnen.
Ist dieses Hintergrund-Bild clever gestaltet, dann kann
man hier neben einem Foto oder einer Grafik auch Text-
Informationen integrieren.

Immer informiert: RSS und Feedreader

Die Abkürzung RSS steht für „Really Simple Syndication" und bezeichnet eine XML-basierte Technologie, die es dem Nutzer möglich macht, Inhalte von Webseiten zu beziehen. Durch RSS bekommt man die neuesten Blogposts, Nachrichten, Videos, Tweets und Ähnliches aus mehreren Quellen direkt als Schlagzeile, Kurzfassung oder kompletten Beitrag in einen speziellen RSS-Reader geschickt. Bei neueren Rechnern sind diese im Webbrowser bereits vorinstalliert, ansonsten ist beispielsweise iGoogle zu empfehlen. Der RSS-Reader hat dann die Funktion eines Nachrichten-Tickers. Der Anbieter eines RSS-Feeds kann jedoch nicht auswählen, welchen Empfängern er seine Informationen schickt. Er hat daher allerdings auch keinen Aufwand mit der Verwaltung seiner Leser, wie es etwa bei einer Empfängerliste für einen E-Mail-Newsletter der Fall wäre. Der Empfänger entscheidet selbst anhand seines eigenen Informationsbedarfs, von welchen Webseiten er die aktuellsten Informationen bekommen möchte. Auf vielen Seiten gibt es mittlerweile einen typischen RSS-Button, den man anklickt, um diesen spezifischen Feed der jeweiligen Seite zu abonnieren. Der Vorteil der RSS-Technologie ist, dass man als Internetnutzer auf diese Weise immer informiert ist, wenn es auf den bevorzugten Seiten etwas Neues gibt, ohne dass man sie separat aufrufen muss. Dies spart Zeit und gegebenenfalls auch Frust, wenn man eine bestimmte Seite immer wieder ansurft, dort aber gar keine Neuigkeiten zu finden sind. Mit RSS ist man automatisch auf dem Laufenden. Dabei bleibt der Empfänger eines RSS-Feeds jedoch anonym für denjenigen, der den Content bereitstellt.

Es mag Ihnen womöglich als Unternehmen, das Informationen im Internet bereitstellt, nicht gefallen, dass Sie die Nutzer nicht bis ins Detail kennen – die RSS-Technologie ist allerdings mittlerweile so verbreitet, dass Sie sich ihr nicht verweigern sollten. Auch Journalisten nutzen RSS-Feeds von interessanten Quellen – es ist daher sinnvoll, auch Pressemitteilungen sowie andere News für diese Zielgruppe abonnierbar zu machen. Alle Bereiche Ihrer Webseite, die regelmäßig upgedatet werden, können per RSS zur Verfügung gestellt werden. Über Weblog- und Content-Management-Software wird der RSS-Feed automatisch generiert. Es besteht daher auch in der Bereitstellung der Technologie keine Herausforderung oder Hürde für Sie. Über Ihren eigenen RSS-Reader können Sie übrigens auch Suchergebnisse als Feed beziehen, beispielsweise mit bestimmten Schlagworten aus der Twitter-Suche *(http://search.twitter.com)*. Auf diese Weise kann die RSS-Technologie also auch ganz bequem für das Monitoring des Webs genutzt werden.

Fundstück

In dem englischsprachigen Weblog „Personalize Media" von Gary Hayes (*www.personalizemedia.com/the-count*) zeigt ein „Social Web Counter" an, wie dynamisch das Web 2.0 heute schon ist. Dieser basiert auf regelmäßig erneuerten statistischen Werten, die die Portale vermelden. Der Counter zählt in Sekunden hoch, wie viele Videos auf YouTube angeschaut und wie viele Blogposts geschrieben wurden. Man erfährt die Zahl der Mitglieder, die sich gerade eben bei facebook angemeldet haben, wie viele Tweets auf twitter gesendet wurden oder wie viele iPhone-Apps heruntergeladen wurden. Klicken Sie einmal rein, die Zahlen sind wirklich beeindruckend!

8.
Presseversand via E-Mail

Die meisten Pressemitteilungen werden heute per E-Mail verschickt – Post oder Fax nutzt heute kaum noch jemand. Es ist ja auch praktisch: Als Absender hat man für den Versand keine zusätzlichen Kosten, wenn man das eigene Mail-Programm nutzen kann. Und der Redakteur kann passende Textschnipsel problemlos kopieren und in seinen Artikel einfügen. Wenn – ja, wenn er die relevante Pressemitteilung auch tatsächlich in der Flut der eintreffenden Unternehmensnachrichten wahrnimmt!

Auf Verlagsseite gibt es unterschiedliche Arten, mit der E-Mail-Flut umzugehen. Wahlweise hat eine Redaktion eine zentrale redaktion@-E-Mail-Adresse, an die alle Mitteilungen geschickt werden, oder auch separate E-Mail-Adressen für die einzelnen Ressorts. In den meisten Fällen gibt aber auch der zuständige Redakteur seine persönliche E-Mail-Adresse preis, sodass man ihn direkt anschreiben kann.

Einige Hundert Pressemitteilungen können am Tag durchaus eintreffen, und so ist es logisch, dass ein Redakteur nur wenig Zeit hat, sich mit all diesem Input intensiv auseinanderzusetzen. Viele Informationen werden deshalb ungelesen gelöscht – da wollen wir Ihnen nichts vormachen. Trotzdem können Sie sich in den meisten Fällen seine Aufmerksamkeit sichern, wenn Sie einige wenige Grundregeln zum Versand per E-Mail berücksichtigen.

Checkliste für Ihren E-Mail-Versand

1. *Nehmen Sie den Redakteur nur dann in den Verteiler für eine Meldung auf, wenn Sie sicher davon ausgehen, dass ihn das Thema interessiert.* Die meisten Journalisten speichern Sie als Aussender einer Pressemitteilung im Hinterkopf positiv ab, wenn Sie wissen, dass von Ihnen kein „PR-Müll" kommt. Sie erreichen somit, dass Sie als wertvoller PR-Partner wahrgenommen werden. (Im anderen Fall landen Sie nämlich in der Schublade „Spammer" – und wer will das schon?)

2. *Verwenden Sie einen aussagekräftigen Betreff.* Einer Umfrage zufolge wünschen sich die meisten Redakteure in erster Linie, dass der Herausgeber der Pressemitteilung sowie auch das Thema in der Betreffzeile ersichtlich sind. Hilfreich ist für sie *zusätzlich* auch das „Pressemitteilung", damit sie die E-Mail richtig einordnen können.

   Beachten Sie aber auch: Die Betreffzeile einer E-Mail wird in den verschiedenen Mailprogrammen unterschiedlich lang dargestellt – in einigen ist sie sehr, sehr kurz. Daher sollte Ihre Formulierung wohlüberlegt sein und die wichtigsten Informationen sollten möglichst weit vorne im Betreff vorkommen. Verwenden Sie bei langen Firmennamen möglichst nicht die komplette Firmierung, sondern kürzen Sie sinnvoll. Statt „Schwybix Kommunikationsberatungsgesellschaft GmbH & Co. KG" reicht auch einfach „Schwybix" in der Betreffzeile, damit ein Redakteur weiß, worum es geht.

3. *Kopieren Sie den gesamten Text der Pressemitteilung* in die E-Mail. Der Text sollte ohne harte Umbrüche und erzwungene Trennungen formatiert sein, damit er kopiert und anschließend direkt weiterverarbeitet werden kann.

4. *Geben Sie einen Ansprechpartner und alle Daten für eine direkte Kontaktaufnahme an.* Vor- und Zuname des zuständigen Presse-Ansprechpartners, Durchwahl und persönliche E-Mail-Adresse erleichtern es dem Redakteur, eilige Rückfragen zu stellen.

5. *Senden Sie keine Dateianhänge mit.* Dateianhänge mit dem Text bieten keinen Nutzen, wenn dieser ohnehin in der E-Mail vollständig vorhanden ist. Und Bilder im Anhang sind große Dateien, die die Postkästen der Redakteure noch mehr verstopfen. Außerdem haben viele Mailnutzer wegen der Virengefahr Vorbehalte, Dateianhänge einfach anzuklicken. Eine Möglichkeit ist es, in dern Mail auf vorhandenes, downloadbares Bildmaterial zu verlinken. Damit machen Sie es dem Redakteur einfach, Fotos und Grafiken zu beziehen, wenn er an der Pressemitteilung interessiert ist. Auch eine Download-Datei mit dem formatierten Text können Sie in gleicher Weise per Download anbieten.

Pressemitteilungen personalisiert versenden

Für den eigentlichen Versand gibt es mehrere Möglichkeiten. Ideal ist es, den Redakteur personalisiert anzuschreiben, also mit einer persönlichen Anrede wie „Guten Tag Herr Müller". In vielen Unternehmen sind bereits Adressverwaltungen im Einsatz, die dies leisten können – wenn Sie Ihre Pressekontakte also mit einer solchen Software verwalten, ist eine personalisierte Serien-E-Mail einfach zu realisieren.

Vergleichen Sie hierzu auch Kapitel 5 zum Thema Presseverteiler!

Alternativ gibt es zahlreiche Dienstleister, die einen personalisierten E-Mail-Versand anbieten. Googeln Sie hierfür einfach nach „personalisierter E-Mail-Versand" oder „Newsletter-Software", dann werden Sie fündig.

Eine weitere – allerdings die am wenigsten professionellste und sichere – Variante ist, die Pressemitteilung über Ihr normales E-Mail-Programm zu versenden. Beachten Sie hierbei bitte, dass Sie die E-Mail-Adressen aus Ihrem Presseverteiler unbedingt in das „bcc"-Empfängerfeld kopieren. Nur so ist sichergestellt, dass niemand erfährt, wen Sie alles mit einer Pressemitteilung angeschrieben haben. So kann wiederum auch niemand Ihren Adresspool für eigene Mail-Aussendungen nutzen. Andernfalls sind Sie bei den Redakteuren schnell als Spam-Schleuder abgestempelt. Viele Anti-Spam-Programme blockieren darüber hinaus Mails, bei denen erkennbar ist, dass sie an eine Vielzahl von Mail-Adressen geschickt wurden. Im schlimmsten Fall kommen Ihre Pressemitteilungen also gar nicht mehr in den Redaktionen an.

9.
Pressemitteilungen
schreiben

Schon im ersten Kapitel dieses Buches haben wir betont, wie wichtig es ist, das richtige Thema zu finden. Denn mit den falschen Themen locken wir keinen Redakteur hinter seinem Schreibtisch hervor. Welches aber sind die richtigen Themen – was haben Sie den Redaktionen zu bieten?

Hierfür empfehlen wir Ihnen folgende Vorgehensweise. Legen Sie die Themen fest, über die die Presse aus Ihrer Sicht im kommenden Jahr im Zusammenhang mit Ihrem Unternehmen berichten soll. Das kann nur ein Themenschwerpunkt sein, aber auch mehrere, bis zu drei wären realistisch. Legen Sie diese Themen grob als Kategorie fest. *Beispielsweise würde der fiktive Buchautor Peter Mustermann sein ureigenes Spezialgebiet als Thema definieren, nehmen wir etwa „Unternehmenscoaching". Ein weiteres Thema, das ebenfalls noch in seinen Tätigkeitsbereich fällt, ist „Zeitmanagement". Dies wären die groben Kategorien, zu denen Herr Mustermann sich äußern kann und gelesen werden will.*

Themensammlung leicht gemacht

Nun geht es in die Details: Welche Inhalte lassen sich zu den beiden Kategorien zusammenstellen? Welche Neuheiten gibt es zu diesen Kategorien? Wichtig sind hier auch die Termine, die im kommenden Jahr anstehen. Im Beispiel des Autors wäre dies etwa der Erscheinungstermin seines Fachbuches, den Vortrag auf einem Kongress und Ähnliches. Hilfreich ist es, wenn Sie eine ganze Weile alles, was Ihnen in den Sinn kommt, völlig ohne Wertung notieren. Ideen, die sich nicht eignen, kann man später immer noch streichen. Alternativ lässt sich auch ein Brainstorming im Kollegenkreis durchführen. Im Anschluss könnte Ihre Liste an Themen ungefähr so aussehen:

- Buch „Unternehmenscoaching in der Wirtschaftskrise" erschienen
- Die zehn Gebote des Unternehmenscoachings
- Die Checkliste für mehr Effizienz im Unternehmen (Download im Web)
- Was Unternehmen bei der Auswahl eines Unternehmenscoachs beachten sollten
- Unternehmenscoaching versus Personencoaching – worin liegen die Unterschiede?
- Quo vadis, Unternehmenscoaching: Was sind die Trends im kommenden Jahr?
- Softwaretools für Coaches
- Erfolgreiches Unternehmenscoaching bei der Mitläufer AG – Worin bestanden die Erfolgsfaktoren
- Unternehmenscoach referiert auf der Fachmesse Personal
- Zeitmanagement im Unternehmen – wie man Mitarbeiter einbezieht
- Zeitmanagement als Unternehmenswert – worauf es ankommt
- Woran Unternehmer beim Zeitmanagement scheitern
- Wieso mancher Unternehmer trotz Zeitmanagement aus dem Rhythmus kommt

Diese Liste und die aufgeführten Einzelthemen sind völlig ohne inhaltliche Wertung zu betrachten. Deutlich wird jedenfalls: Denkt man in solchen Headlines, ist die Themenfindung plötzlich ganz einfach. Die folgende

Aufgabe ist deshalb fast ein Kinderspiel. Nun muss man sich nämlich überlegen, ob und wie sich die einzelnen Themen in einer Pressemitteilung, in einem längeren Fachbeitrag, in einer Zehnpunkteliste, einem Kommentar oder vielleicht auch in einem Interview umsetzen lassen. Manches Thema kann man auch mehrfach kommunizieren, beispielsweise in einer kurzen Pressemitteilung und zudem noch in einer Langversion als Fachartikel. Und eine Checkliste kann man entweder zusammenstellen und direkt als Pressemitteilung verschicken oder auch nur per Pressemitteilung ankündigen.

Ein besonderes Augenmerk sollten Sie bei der Suche nach Themen auf die Frage lenken: Was ist das Besondere? Und was ist das wirklich Neue? Wo liegen die Alleinstellungsmerkmale unseres Unternehmens? Worin unterscheiden wir uns vom Wettbewerb? Welchen besonderen Nutzen bieten wir unserem Kunden? Hier verbirgt sich in aller Regel viel Stoff für Ihre Pressearbeit.

Texten nach journalistischen Vorgaben

Was viele Laien-Pressesprecher in Unternehmen sowie Unternehmer, die in eigener Sache Pressearbeit machen wollen, nicht ahnen: Pressemitteilungen sind nicht einfach nur ein Text mit einer reißerischen Headline!

Dies müssen Sie wissen, bevor Sie sich an das Texten einer Pressemitteilung setzen: Bei Pressemitteilungen handelt es sich um journalistisch geschriebene Texte. Damit Redaktionen Ihre Pressemitteilungen möglichst ohne großen Aufwand verwenden können, müssen diese bestimmte Mindestanforderungen an die Qualität und andere Ansprüche erfüllen. Inhaltlich ist der Text nach bestimmten Basis-Regeln aufgebaut und entspricht der redaktionellen Textform einer Nachricht. Und stilistisch ist eine Pressemitteilung objektiv formuliert und kommt völlig ohne Werbung, Superlative und Phrasen aus. Und man kann es nicht oft genug wiederholen: Einen News-Wert muss die Pressemitteilung auf jeden Fall haben. Auf den folgenden Seiten vermitteln wir Ihnen alle wesentlichen Informationen, damit Ihre Pressemitteilung eine gute Pressemitteilung wird.

W-Fragen beantworten

Suchen Sie bitte zunächst bei Ihrem Thema nach Fakten. Wie schon Helmut Markwort in der *Focus*-Werbung immer betonte, „Fakten, Fakten, Fakten" sind das, worauf es beim Journalismus ankommt. Die Fakten will der Redakteur wissen, und die will natürlich auch der Leser lesen.

Eine Pressemitteilung beantwortet daher auch direkt mit den ersten Sätzen die brennendsten Fragen. Der Redakteur will wissen: Wer hat was gemacht? Was ist das Neue? Wie ist es passiert? Wo ist es passiert? Wann ist es passiert? Und warum? Die genannten Fragen nennt man W-Fragen. Im Folgenden zeigen wir Ihnen, wie der Einstieg in eine Pressemitteilung auf der Basis einer W-Frage formuliert sein kann.

Beispiele:

Wer? Der Anbieter von Musterlösungen Mustermann GmbH hat jetzt eine neue Mustersoftware vorgestellt.

Friedhelm Müller (52) hat zum 1. Dezember die Vertriebspartner-Betreuung bei der Mustermann GmbH übernommen.

Wie? Durch Kopfrechnen haben die Auszubildenden der Mustermann GmbH bei einem landesweiten Wettbewerb ein Preisgeld in Höhe von 5.000 Euro erspielt.

Mit Nachdruck überzeugte Max Meier von der Mustermann GmbH am vergangenen Freitag die Bürgerversammlung in Höchst bei Frankfurt.

Wo? Im rheinland-pfälzischen Koblenz findet die diesjährige Hausmesse der Mustermann GmbH statt.

Was? Einen Eintrag in das Guinnessbuch der Rekorde haben die Trainer der Mustermann GmbH beim Kongress der Musterlösungen bekommen.

Wann? Am 25. März startet die Mustermann GmbH eine Workshop-Reihe zum Thema Musterlösungen.

Warum? Wegen Überhitzungsgefahr eines Netzteils bei aktuellen Mustermodellen ruft die Mustermann GmbH die Produkte der Serie Minimax, die seit Februar 2009 gefertigt wurden, zurück.

Fakten nach Wichtigkeit sortieren

Beim ersten Satz der Pressemitteilung sollten Sie nun überlegen, welche der W-Fragen beim jeweiligen Thema vorrangig beantwortet werden sollte. Ist der Termin am wichtigsten? Ihre Firma oder eine Person? Oder hat vielleicht das „Was" die höchste Priorität? Bei fast jedem Thema könnten Sie für jede der W-Fragen einen eigenen ersten Satz finden. Manchmal ist es auch eine Geschmackssache, welche Formulierung letztlich genommen wird. Welcher Einstieg jedoch für den Leser den größten Neuigkeitswert hat, müssen Sie selbst beurteilen.

Am Beispiel der folgenden Fakten werden wir uns aber die Möglichkeiten noch einmal ansehen:

Die Mustermann GmbH wird auf der Computermesse CeBIT im kommenden Jahr ausstellen. Die Messeneuheit des Unternehmens ist eine neuartige Musterlösung auf der Basis von Mobilfunktechnologie. Die neue Lösung arbeitet viel schneller als vergleichbare von Mitbewerbern, weil Daten nicht mehr ausschließlich per Computer, sondern nun auch mobil abgerufen werden können.

Aus diesen Informationen kann man nun folgende Einstiegssätze für eine Pressemitteilung formulieren:

Wer? *Die Mustermann GmbH präsentiert auf der kommenden CeBIT eine neuartige Musterlösung auf der Basis von Mobilfunktechnologie.*

Wie? In einer Livepräsentation informiert die Mustermann GmbH auf der CeBIT stündlich über die Vorteile der
neuartigen Musterlösung.

Wo? Auf der CeBIT in Hannover stellt die Mustermann GmbH
an ihrem Messestand die neuartige Musterlösung vor, mit
der Daten nun auch mobil abgerufen werden können.

Was? Eine neuartige Musterlösung auf der Basis von
Mobilfunktechnologie zeigt die Mustermann GmbH auf der
kommenden CeBIT.

Wann? Pünktlich zur CeBIT in Hannover wird die neue
Musterlösung der Mustermann GmbH erhältlich sein.

Warum? Weil Daten jetzt mobil abgerufen werden
können, stieß die neuartige Musterlösung während der
vergangenen CeBIT auf großes Interesse.

Wie eine Pressemitteilung aufgebaut ist

Fällt es Ihnen auf? Der erste Satz einer Pressemitteilung kommt gleich zum Punkt. Dies unterscheidet
sich drastisch von Texten, die Ihnen sonst im Alltag
begegnen – es sei denn, Sie lesen ausschließlich Nachrichtenticker. Was also auf keinen Fall geht, ist eine
umständliche Herleitung, die bei der Gründung des
Unternehmens anfängt, die hundertjährige Historie erläutert und nach zehn Sätzen beim eigentlichen Thema
endet. Dies unterscheidet eine Pressemitteilung vor
allem von den Schulaufsätzen, die Sie früher schreiben
mussten. Diese bestehen nämlich klassisch aus einer Ein-

leitung, einem Hauptteil und einem Schluss (der dann auch in aller Regel der Höhepunkt des Textes ist).

Bei der Pressemitteilung ist es genau umgekehrt: Hier muss die sprichwörtliche Katze sofort aus dem Sack gelassen werden. Stellen Sie sich die Pressemitteilung wie eine Pyramide vor, die in drei Teile gegliedert ist: Die Spitze steht für den ersten Satz der Pressemitteilung. Hier finden sich die wichtigsten Fakten, die mindestens eine der W-Fragen beantworten. Im ersten Absatz sind dann weitere wichtige Informationen enthalten, die dem Redakteur helfen, die Pressemitteilung einzuordnen. Der mittlere Teil der Pyramide (dies entspricht dann dem zweiten und eventuell auch einem dritten Absatz) liefert Hintergrundinformationen, die die Nachricht inhaltlich abrunden. Je weiter unten eine Information steht, als desto unwichtiger ist sie einzustufen.

Im letzten Drittel erhält man allgemeine Informationen zum Absender der Pressemitteilung. Diesen Teil nennt man in der PR-Sprache Abbinder, Backgrounder oder Boilerplate. Hierbei handelt es sich um einen Standardtext, der grundsätzliche Daten und Fakten zum Unternehmen enthält. Hier kann sich der Journalist auf einen Blick über die Organisation informieren. Typische Angaben sind Firmierung, Gründungsjahr, Firmensitz, Mitarbeiterzahl, Geschäftsfelder und Branchenschwerpunkte. Dieser Teil der Pressemitteilung kann unverändert als Textbaustein verwendet werden, bis eine Aktualisierung notwendig erscheint. Unter dem Abbinder sollten dann schließlich noch die Kontaktdaten und möglichst ein persönlicher Ansprechpartner mit E-Mail-Adresse und Durchwahl angegeben werden.

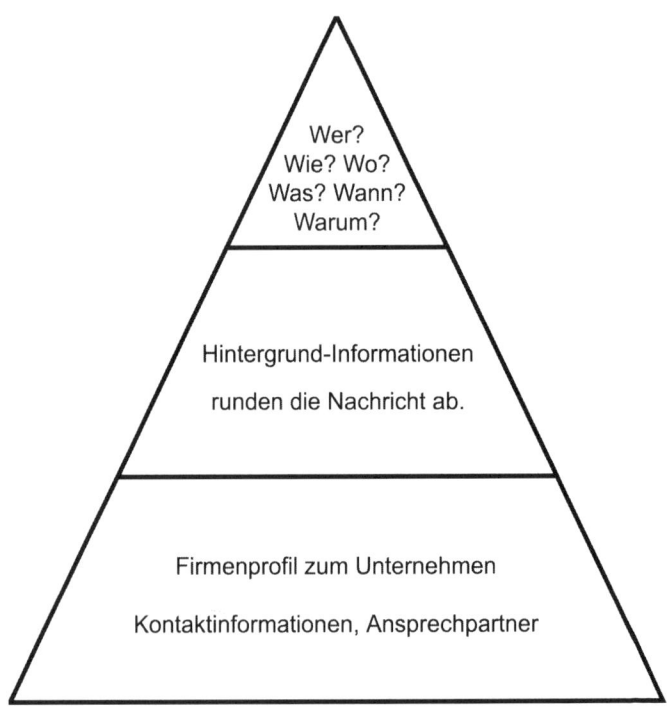

Abbildung 4: Der Aufbau einer Pressemitteilung: Begonnen wird mit den wichtigsten Fakten.

Eine Pressemitteilung ist maximal zwei Seiten lang – wer sich an Zeichenzahlen orientieren möchte: Wenn Ihr Text plus minus 3.000 Zeichen inklusive Leerzeichen hat, ist es genau richtig.

Damit möglichst viele Journalisten die Pressemitteilung verwenden können, ist der hier beschriebene Aufbau zwingend einzuhalten. In vielen Fällen werden Ihre Pressemitteilungen nämlich gekürzt. Gerade wenn es Ihre Nachricht in ein Printmagazin schafft, steht dort häufig nicht genug Platz für die gesamte Meldung zur Verfügung. Dann ist es üblich, dass die Redaktion den gelieferten Text von hinten nach vorne kürzt, bis er vom Umfang her in den Newsbereich oder eine Layout-Lücke passt. Im ungünstigsten Fall bleibt dann womöglich nur noch der Einstiegssatz bestehen – und dann muss dieser alles aussagen, was Sie der Welt mitteilen wollten.

Die Elemente einer Pressemitteilung

Eine Pressemitteilung besteht aus folgenden Standard-Elementen:

1. Headline (Überschrift)
2. Subheadline (optional, aber weit verbreitet)
3. Ort, Datum
4. Einleitung (der Kern der Nachricht, aufgebaut anhand der Fragen: Wer? Wie? Wo? Was? Wann? Warum?)
5. Fakten und Nutzen
6. Gegebenenfalls ein Zitat
7. Hintergrundinformationen zum Thema
8. Abbinder mit Firmen-Informationen (standardisierter Textbaustein)
9. Kontaktdaten und Ansprechpartner

Zitate in eine Pressemitteilung einbinden

In vielen Pressemitteilungen werden Personen zitiert, beispielsweise der Geschäftsführer des eigenen Unternehmens. Dies ist ein gutes Stilmittel, mit dem man in einen sachlich-neutralen Text ein wenig O-Ton, Authentizität und Emotionen bringen kann. In der wörtlichen Rede lassen sich manche Argumente natürlich viel spitzer formulieren, als es der notwendig objektive Tenor der gesamten Pressemitteilung eigentlich erfordert. Ein knackiges Zitat kann eine Pressemitteilung also aufpeppen und auflockern.

Nur ganz selten werden in der Pressearbeit Zitate verwendet, die die betreffende Person tatsächlich wortwörtlich gesagt hat. In den meisten Fällen hat sich ein Pressesprecher oder eine PR-Agentur überlegt, was der Zitatgeber zu einem bestimmten Thema gesagt haben *könnte*. Damit der Leser dies später auch tatsächlich so empfindet, ist grundsätzlich zu beachten: Das Zitat muss klingen wie wörtliche Rede. Fragen Sie sich daher, ob wirklich jemand spontan so sprechen würde, wie sie das Zitat schreiben. Wenn Sie dies bejahen können, ist es ein gutes Zitat!

Tipp

Als Faustregel für Zitate in Pressemitteilungen gilt: Verwenden Sie einfache und möglichst kurze Sätze. Ein Satz sollte, wenn überhaupt, nur einen Nebensatz haben.
Und darüber hinaus kommt es auf Abwechslung an – die Mischung macht's. Nach einem besonders kurzen Satz sollte dann auch wieder ein etwas längerer folgen, damit die wörtliche Rede nicht nach Telegrammstil klingt. Verwenden Sie darüber hinaus auch keine Begriffserklärungen oder Beispiele in Klammern, denn so spricht niemand. Allerdings sind dies Beispiele, die uns in der Firmen-Pressearbeit immer wieder begegnen.

Bitte beachten Sie: Damit das Zitat später auch von den Medien übernommen wird, sollte es inhaltlich eine neue Information, Einschätzungen oder mehr Details zu schon bekannten Fakten liefern. Formulieren Sie ein Zitat mit Mehrwerten. Häufig wird leider der Fehler begangen, hier bereits Bekanntes zu wiederholen. Dann aber ist das Zitat wertlos. Der Redakteur wird es herausstreichen, weil es für seine Leser keine zusätzliche Information bietet. Auch typische inhaltsfreie Zitate und Jubelarien mit platter Werbung, die wir in Pressemitteilungen immer wieder lesen, sind kein journalistischer Stil: „Wir freuen uns, eine Partnerschaft mit der Mustermann GmbH einzugehen. Mustermann bereichert mit seinen innovativen Produkten unser Lösungsportfolio, von dem unsere Kunden künftig noch mehr profitieren." Aha! Sie verstehen sicher, was gemeint ist.

In der Pressemitteilung muss darüber hinaus eindeutig geklärt sein: Wer ist der Zitatgeber? Dieser sollte immer mit Vornamen und Zunamen und seiner Position im Unternehmen genannt sein. Wird die Person im Text zum zweiten Mal genannt oder zitiert, reicht es, einfach den Nachnamen zu schreiben. Dies gilt auch bei weiblichen Personen, auch wenn es Ihnen möglicherweise merkwürdig erscheint. (Achten Sie mal darauf: In vielen Presseberichten wird über „Merkel" gesprochen, nicht über „Angela Merkel".) Ganz wichtig: „Herr Muster" oder „Frau Muster" gibt es in einem journalistischen Text nicht! Entweder Sie nehmen Vor- und Nachnamen oder nur den Nachnamen.

Beispiele:

„(…)", sagt Tanja Muster, Geschäftsführerin der Musterfirma GmbH.

Tanja Muster, Geschäftsführerin der Musterfirma GmbH erläutert die Vorteile der neuen Technologie: „(…)."

Wie Muster erklärt, ist die Musterfirma GmbH, weltweit die Einzige, die nach diesem neuen Konzept arbeitet.

„(…)", so Tanja Muster zum Thema Musterkonzepte.

Das geht gar nicht:

Wer gerne Comics liest, kennt sicherlich die Sprechblasen, in denen beispielsweise Tick, Trick und Track gemeinsam einen Satz sagen. In Pressemitteilungen wird ein Zitat jedoch immer nur einer einzigen Person zugeordnet. Nie können zwei Personen synchron zitiert werden.

Vorsicht:

In der Schule musste man beim Deutschaufsatz möglichst viele wohlklingende Synonyme für das Wort „sagen" finden. Bei der Pressemitteilung kann es durchaus öfter verwendet werden. Alternative Formulierungen sollten Sie als Texter mit viel Fingerspitzengefühl einsetzen. Zu blumige Begriffe wie „behaupten", „einräumen" oder „rechtfertigen" eignen sich für Pressemitteilungen gar nicht, weil sie dem Satz eine negative Tendenz geben und den Zitatgeber in ein schlechtes Licht rücken. Auch die Formulierung „freut sich Peter Müller", welche Tageszeitungsredakteure gerne und häufig verwenden, ist bei Pressemitteilungen nicht zu empfehlen. Sie lässt die zitierte Person zu naiv aussehen.

Auf den Stil kommt's an

Wie treffe ich den Stil, den man bei einer Pressemitteilung erwartet? Es ist nicht ganz einfach, aber Übung macht den Meister. Zunächst einmal ist es wichtig, dass die Pressemitteilung so objektiv und so werbefrei wie möglich formuliert ist. Im Speziellen heißt dies auch: In einer Pressemitteilung wird der Leser nicht persönlich angesprochen. Statt „Sparen Sie Zeit und Geld mit unserer Lösung" wird ein Satz formuliert nach dem Motto „Mit der Lösung der XYZ GmbH sparen Privatpersonen Zeit und Geld". Vermeiden Sie Übertreibungen („XYZ GmbH, der führende und innovative Anbieter von ..."), und gehen Sie sparsam mit Adjektiven um. Schreiben Sie aktiv und verwenden Sie viele Verben.

Besonders steif und nach Beamtendeutsch klingt ein Text, wenn er viele Substantive enthält – sie sind daher ebenfalls wohldosiert einzusetzen. Speziell für alle Wörter, die auf -ung, -heit oder -keit enden, sollten Sie sich alternative Formulierungen einfallen lassen. Hierzu ersetzen Sie das Substantiv durch ein aktives Verb. Dadurch wird der Text lesbarer und verständlicher.

Beispiele:

Falsch: Nach der Installation der Testsoftware wurde die Prüfung der Virensicherheit gestartet.

Richtig: Nachdem die Techniker die Testsoftware installiert hatten, prüften sie das System auf Viren.

Falsch: Die Messmikroskope sind mit einer Beleuchtung ausgestattet.

Richtig: Die Messmikroskope sind beleuchtet.

Falsch: Die Muster GmbH ist spezialisiert auf die Entwicklung von Videosystemen und deren Einbindung in Komplettlösungen.

Richtig: Die Muster GmbH entwickelt Videosysteme und bindet diese in Komplettlösungen ein.

Kurze Sätze machen Ihren Text verständlich

Je kürzer die Sätze gehalten sind, desto verständlicher ist Ihre Pressemitteilung. Kurz heißt: Mit 13 Wörter sind die meisten Sätze lang genug. Wenn Sie in Ihrer Pressemitteilung einen Satz mit zwei oder mehr Kommas entdecken, dann lässt sich dieser sicherlich kürzen. Eine hilfreiche Faustregel ist hierbei, in jedem Satz nur einen Gedanken zu formulieren. Typische Schachtelsätze enthalten mehrere Ideen und sind alleine aus diesem Grund schwer verständlich. Achten Sie einmal bei den Nachrichten von Fernseh- oder Rundfunksendern auf die Länge der Sätze. Durchschnittlich liegt diese bei 13 bis 17 Wörtern.

Für Zahlen gelten besondere Regeln

Zahlen bis zwölf werden in journalistischen Texten als Wort geschrieben. Ab 13 nutzt man die Ziffern. Bei Angaben zu Mengen oder Längen schreibt man die Zahlen als Ziffern, heißt es jedoch „hundertprozentig", wird die Zahl wieder ausgeschrieben. Besser als zu lange Zahlenkolonnen oder viele Stellen nach dem Komma sind Rundungen. Statt „5,92 Prozent" schreiben Sie besser „6 Prozent". Bei Datumsangaben wird der Monat ausgeschrieben: Statt „12.10.2010" heißt es „12. Oktober 2010".

Abkürzungen immer ausschreiben

Alle Abkürzungen sind zu vermeiden: So heißt es „Euro" statt "€" und „Prozent" statt „%". „Bspw.", „u. a.", „etc.", „usw." werden durch die ausgeschrieben Begriffe ersetzt. Auch wird statt einer „Mio." die „Million" verwendet.

Gültige Rechtschreibung ist maßgeblich

Besonders unbeliebt bei Redaktionen sind unternehmenseigene Schreibweisen sowie besondere Hervorhebungen im Text. Jede dieser Schreibungen muss nämlich manuell wieder auf die richtige deutsche Rechtschreibung und Schreibweise abgeändert werden. Dies bedeutet zusätzlichen Aufwand für den Redakteur und kann dazu führen, dass Sie ihn so verärgern, dass er Ihren Text dann lieber gar nicht veröffentlicht. Beachten Sie: auch wenn Ihre Corporate-Identity-Richtlinien vorsehen, dass der Unternehmensname in Großbuchstaben („MUSTERFIRMA") geschrieben wird: Diese Schreibweise übernimmt keine Redaktion, denn sie unterbricht den Lesefluss und macht den Text optisch unattraktiv. Zudem lässt sich kein Journalist von der Marketingabteilung eines Unternehmens vorschreiben, wie seine Zeitung gemacht werden soll. Solche Vorgaben lassen sich daher nur auf eigene, intern erstellte Unterlagen anwenden. Die Redakteure wiederum haben vom Verlag die Vorgabe, Unternehmensnamen generell mit gemischten Buchstaben zu schreiben. Eine Ausnahme wird lediglich dann gemacht, wenn der Firmenname nur drei Buchstaben enthält, etwa bei IBM, SAP und ähnlichen Namen.

Sonderschreibungen vermeiden

Ebenso wenig wie Großbuchstaben werden kunterbunt gemischte Schriftgrößen und unübliche Groß- und Kleinschreibung (zum Beispiel „mUsTeR gmbh") übernommen. Eine Firma, die Ihren Firmennamen derart schreibt, muss damit rechnen, entweder gar nicht erst berücksichtigt zu werden oder aber als ganz normale „Muster GmbH" in der Presse aufzutauchen. Bei Redaktionen und Agenturen wird darüber hinaus diese Art der individuellen Schreibweisen nicht etwa als Zeichen für ein besonders kreatives Unternehmen gewertet. Im Gegenteil, dort heißt es in der Regel: je verrückter die Schreibweise, desto kleiner (und unbedeutender) die Firma.

Duden schlägt Denglisch

Ebenfalls ungeliebt, da nicht konform mit der deutschen Rechtschreibung, ist die Unart, die englische Rechtschreibung als maßgeblich anzusehen. So heißt es etwa „Sven's Bistro" statt (richtig) „Svens Bistro" oder „Stories" statt (richtig) „Storys". Ganz besonders ins Auge sticht, dass zusammengesetzte englische Wörter in deutschen Pressetexten konsequent ohne Bindestrich und damit schlichtweg falsch geschrieben werden. Ähnlich wie bei der individuellen Schreibung des Firmennamens richten sich PR-Leute dann gerne nach den Marketingvorgaben des Unternehmens. Es heißt jedoch nicht „XYZ Lösungen", sondern „XYZ-Lösungen". Besonders spannend wird es, wenn das Produkt oder die Dienstleistung einen Eigennamen wie „XYZ Space Connector" hat. Wird dieser Eigenname durch einen Zusatz erweitert, dann schreibt man „XYZ-Space-Connector-Programm". Bindestriche sind bindend: Deswegen steht der Bindestrich zwischen allen Wort-Bestandteilen. Andernfalls würde der Leser – ebenso wie ein einzelnes Wort – in der Luft hängen und sich beispielsweise fragen: „Was soll denn bitteschön ein Space sein?"

Fremdwörter und Akronyme erklären

Verwenden Sie möglichst wenig Fremdwörter. Gehen Sie auch nicht davon aus, dass alle angeschriebenen Redakteure sowie die späteren Leser mit Ihren Fachbegriffen vertraut sind. Oft ist dies nicht der Fall. Es macht daher Sinn, diese Wörter in Klammern zu erklären und zu übersetzen. Auch ein Akronym sollte nicht als bekannt vorausgesetzt werden. Akronyme sind gängige Abkürzungen und setzen sich in der Regel aus den Anfangsbuchstaben mehrerer Wörter zusammen, zum Beispiel EDV für Elektronische Datenverarbeitung. In vielen Fällen gibt es für ein Akronym mehrere Bedeutungen, meist in Abhängigkeit von der jeweiligen Branche. In schlimmsten Fall kann Ihre Pressemitteilung so in einem völlig falschen Kontext eingeordnet werden.

Beispiel:

Das Akronym ASP steht in der Informationstechnologie sowohl für den Begriff „Application Service Providing" als auch für „Active Server Pages". Im einen Fall ist eine Mietsoftware gemeint, im anderen eine Technologie, mit der sich Webseiten erzeugen lassen. Darüber hinaus könnte ASP sich auch auf den „Assistant Superintendent of Police" oder die „Association of Shareware Professionals" beziehen.

Missverständnissen sollten Sie also unbedingt vorbeugen und die Begrifflichkeiten eindeutig klären.

Mit Sprachbildern arbeiten

Lassen Sie vor den Augen eines Lesers ein Bild entstehen. Speziell unter in Zahlen ausgedrückten Längen und Mengen können sich viele Menschen nichts Konkretes vorstellen. Es ist daher wichtig, die zu vermittelnde Information möglichst greifbar zu machen. Finden Sie hierfür Bilder und ziehen Sie Vergleiche zu bekannten Dingen.

Beispiel:

Der Spielwaren-Onlineshop myToys.de hat seit seiner Gründung 1999 neun Millionen Pakete in Deutschland und ins europäische Ausland verschickt. Mit den Versand-kartons könnte man 222 Fußballfelder füllen oder einen Turm bauen, der 14 mal so hoch wäre wie der Eiffelturm.

Tipp
Studieren Sie regelmäßig und gründlich die Zeitschriften, in denen Sie gerne auch Ihre Pressemitteilungen veröffentlicht sehen würden! Analysieren Sie den Stil der Nachrichten: Wie sind sie formuliert? Welche Begriffe werden genutzt? Wie kurz oder lang sind die Sätze? Werden Zitate abgedruckt? Wenn ja, wer spricht dort über was?   Welche Nachrichtenarten werden überhaupt veröffentlich? Durch die Lektüre eignen Sie sich schnell den speziellen Stil einer Pressemitteilung an, und das Schreiben wird Ihnen immer leichter fallen.

Was beim Layout zählt

Wird eine Pressemitteilung ausgedruckt und per Post verschickt oder in eine Pressemappe gelegt, erwarten Journalisten eine bestimmte äußere Form.

Zunächst einmal wird das Papier nur einseitig bedruckt – eine bedruckte Rückseite würde von den meisten Redaktionen nicht bemerkt werden. In der Regel wird das Briefpapier des Unternehmens verwendet. Ideal ist die zweite Seite des Briefpapiers nur mit Logo. Aber auch die erste Seite mit Logo und Adresse sowie rechtlichen Angaben kann verwendet werden. Für Journalisten im deutschsprachigen Raum zählt der Inhalt der Pressemitteilung zwar mehr als die äußerliche Form, aber einige grundsätzliche Dinge sollten Sie beachten.

Die erste Seite trägt den Vermerk „Pressemitteilung" oder „Presseinformation" möglichst gut sichtbar in der Kopfzeile. Eine Angabe der Zeichenzahl oberhalb der Headline ist hilfreich für den Journalisten, um die Textmenge einschätzen zu können. Dann kommen Headline, Subheadline und der eigentliche Meldungstext. Darunter steht dann der Abspann mit Firmeninfos und wiederum darunter die Kontaktangaben und Ansprechpartner des Unternehmens (und gegebenenfalls der betreuenden PR-Agentur). Zu beachten ist, dass das Papier nicht komplett von links nach rechts beschrieben wird, sondern ein breiter Rand von circa acht Zentimetern bleibt. Dieser bietet dem Redakteur Platz für handschriftliche Notizen und Markierungen.

Sinnvoll ist es, eine Meldung, die sich auf zwei oder mehr Seiten verteilt, links oben zu klammern. Eine zusätzliche Nummerierung der Seiten in der Kopf- oder Fußzeile schadet nichts. Die bis vor einigen Jahren noch übliche Floskel „Abdruck honorarfrei, Belegexemplar erbeten" wird nicht mehr verwendet. Dass der Abdruck honorarfrei ist, wird vorausgesetzt. Belegexemplare werden entweder zugeschickt oder aber durch einen Clippingservice ermittelt, den Sie separat und entgeltpflichtig beauftragen müssen. *Wie Sie Ihre Erfolge kontrollieren können, ist Thema von Kapitel 14.*

Stellen Sie auf einer eigenen Webseite noch zusätzliches Material wie Bilder zur Verfügung, sollten Sie auch auf der layouteten Pressemitteilung einen Hinweis anbringen. Eine schlichte Zeile: „Bildmaterial unter www.xyz-gmbh.de/pressefotos" genügt.

Drauflos schreiben oder gliedern – so fängt man an!

Beim Schreiben einer Pressemitteilung empfiehlt es sich, zunächst gedanklich die W-Fragen zu prüfen. Anschließend können Sie sofort die wichtigste Fragestellung mit dem Einstiegssatz beantworten – der Anfang ist gemacht, der schwierigste Schritt gegangen.

Sollten Sie allerdings recht lange vor einer leeren Seite sitzen und bei sich eine Schreibblockade bemerken, ist es wichtig zu wissen: Anfangen ist das Wichtigste – wie Sie dies tun, ist fast egal. Deswegen ist es auch gar nicht schlimm, wenn Sie den ersten Satz auf Anhieb noch nicht perfekt finden. Manchmal hilft es auch, einfach schon mal ein Satzfragment dort stehen zu haben. Schreiben Sie danach einfach weiter, korrigieren und feilen können Sie Ihre Sätze später immer noch. Beginnen Sie auch ruhig mal „mittendrin" mit dem zweiten Satz oder auch mit einem Zitat. Es kann darüber hinaus eine gute Strategie sein, wenn man einfach Gliederungspunkte untereinanderschreibt. Im Anschluss kann man dann die einzelnen Punkte ausformulieren und nach und nach miteinander zu einem Ganzen zu verknüpfen.

Wege zur guten Headline

Auch wenn wir bei der Themenfindung dazu geraten haben, in Headlines zu denken: Nehmen Sie Ihr ursprüngliches niedergeschriebenes Thema nicht als endgültige Headline. Es hat sich sogar bewährt, die Überschrift erst ganz zum Schluss zu schreiben. Denn eine gute Überschrift zu formulieren, ist in der Regel schwerer als man denkt. Hier kommt es darauf an, den Inhalt der Pressemitteilung sehr griffig und „auf den Punkt" zusammenzufassen. Die Headline soll einerseits Neugierde wecken, andererseits darf sie den Redakteur aber auch nicht inhaltlich in die Irre führen. Und: In der Kürze liegt die Würze. Daher wird auf Artikel wie der, die, das meistens verzichtet.

Beispiel:

Falsch: Die Firma Muster GmbH erhält Bestnoten für ihren Händler-Service

Richtig: Muster erhält Bestnoten für Händlerservice

Die Subheadline wiederum dient dann dazu, das Thema weiter einzugrenzen und einige Zusatzinformationen anzugeben.

Beispiel:
Kölner Beratungsunternehmen hat in der diesjährigen Herbstbefragung 300 Fachhandels-Partner zu aktuellen Supportprogrammen befragt.

Wie kommt man nun zu einer guten Headline? Bewährt hat es sich, die Schlüsselbegriffe aus dem Text sowie Assoziationen, die man hierzu hat, auf einem Blatt zu notieren. Auch Synonyme oder Wortspiele, die möglicherweise offensichtlich sind, sollten Sie aufschreiben. Steht erst einmal eine stattliche Anzahl von Begriffen auf Ihrem Papier, dann können Sie durch verschiedene Kombinationen und Halbsätze sehr schnell zu einer griffigen Headline kommen.

Die meisten Redakteure werden bei einer Veröffentlichung aus Gründen der Berufsehre vermutlich die Überschrift abändern. Das sollte Sie nicht enttäuschen, denn die Headline erfüllt zwei sehr wichtige Zwecke: Zunächst einmal ist sie der Köder, um die Aufmerksamkeit der Journalisten zu ködern. Sie bringt sie dazu, Ihre Pressemitteilung genauer anzuschauen und dann auch zu veröffentlichen. Die Headline muss auch noch ein weiteres Mal „zünden" – nämlich überall dort, wo Ihre Zielgruppe direkt mitliest: beispielsweise in Ihrem Firmen-Pressebereich, bei einer entsprechenden Verlinkung vielleicht sogar auf Ihrer Startseite. Und natürlich in allen Online-Presseportalen, in die Sie diese Pressemitteilung einstellen werden. Sie sollten sich mit der Headline also sehr viel Mühe geben.

Professionelles Themenmanagement

Wer kontinuierliche Pressearbeit betreibt, möchte in möglichst allen zielgruppenrelevanten Medien redaktionell berücksichtigt zu werden. Dies gilt insbesondere dann, wenn eine Zeitung exakt das eigene Fachgebiet als

Themenschwerpunkt einer Ausgabe behandelt oder eine Marktübersicht zusammengestellt hat.

Damit Sie zum richtigen Zeitpunkt auf dem Radar des entsprechenden Redakteurs sind, ist ein gezieltes Themenmanagement notwendig. Viele Zeitschriften planen Spezialhefte oder mehrseitige Themenschwerpunkte der Standardausgaben schon sehr frühzeitig. In ihren Mediadaten geben die Verlage nicht nur die Anzeigenpreise und -formate ihrer Zeitschrift bekannt, sondern auch die voraussichtlichen Themen und Termine. Sie können die Themenpläne ohne Weiteres auf den meisten Verlagswebseiten selbst recherchieren.

Das ist allerdings mit einem nicht unerheblichen Zeitaufwand verbunden. Die entsprechenden PDF-Dateien sind meistens bei einem Button „Mediadaten" zum Download hinterlegt. In den Dateien finden Sie dann meist auch Angaben zum Redaktionsschluss, Anzeigenschluss und Erscheinungstermin. Um diese jedoch bei einer größeren Anzahl von Zeitschriften und Themen überschauen zu können und keinen Termin zu verpassen, sollte man sich die relevanten Themen in einer Übersicht notieren. Geeignet ist hier eine Excel-Tabelle, in der man sortieren und suchen kann.

Als Alternative zu dieser zeitraubenden und fehlerträchtigen Erfassungstätigkeit sind elektronische Themenpläne im Internet. Verschiedene Anbieter haben diese bei den Verlagen erfragt und in einer Datenbank erfasst. Diese Datenbanken sind kostenpflichtig. Gegen eine meist einmalige Pauschale profitiert man als Nutzer jedoch von deutlichen Vorteilen gegenüber der Eigenrecherche. In sehr viel kürzerer Zeit kann man beispielsweise über eine Suchfunktion in der Datenbank bequem nach Schlagworten recherchieren und sich seine relevanten Medien anzeigen lassen. Zudem lassen sich die Daten oft schon online sortieren und auf den eigenen Rechner exportieren. Hat man die Dateien erst einmal in einer Exceltabelle zusammengefasst, kann man anhand der Termine für den Redaktionsschluss eine zielgerichtete Planung vornehmen.

Anbieter für Themenpläne	
Pressrelations GmbH	www.pressrelations.de
Verlag Dieter Zimpel GmbH	www.zimpel.de
Aufgesang Public Relations GmbH	www.themenplan.de
Features Exec	www.Featuresexec.com

Themenvorschläge bei Redaktionen einreichen

Die Vorgehensweise sollte sein, dass Sie telefonisch erfragen, ob die Redaktion an einem Beitrag aus Ihrem Hause zum jeweiligen Thema interessiert ist, bevor man Pressetexte schreibt und auf Verdacht verschickt. Es empfiehlt sich, das Interesse bereits lange vor dem eigentlichen Redaktionsschluss abzuklären, denn die Themen werden natürlich bereits vor der Deadline festgelegt. Bei monatlich erscheinenden Publikationen ist es kein Fehler, schon zwei Monate vor Redaktionsschluss

Kontakt aufzunehmen. Falls die Planung dann noch nicht so weit ist, ist es auch nicht tragisch: Sie erhalten dann meist einen freundlichen Hinweis, wann Sie sich ein zweites Mal melden können. Und manchmal können Sie auch schon vorab einen Themenvorschlag per Mail einsenden.

In der Regel erhalten die Redakteure mehrere Themenvorschläge und können dann zwischen verschiedenen Angeboten auswählen, welcher Beitrag sich am meisten eignet. Manchmal liegen auch bereits Beiträge vor, die es bei einem früheren Schwerpunkt aus Platzgründen nicht ins Heft geschafft haben und dieses Mal berücksichtigt werden sollen. Die Chancen stehen daher immer 50 zu 50, ob Sie mit Ihrem Angebot punkten können oder nicht. Besteht Interesse, wird bei Fachzeitschriften der Redakteur von Ihnen gerne einen fertigen Artikel haben wollen. Neben dem reinen Interesse sollten Sie mit ihm auch weitere Rahmenbedingungen abklären: Wie lang darf der zu liefernde Artikel sein? Gibt es bestimmte Vorgaben in Bezug auf die Nennung von Firmen und Produkten? Werden Fotos oder andere Illustrationen benötigt und in welcher Zahl? Soll ein Autorenprofil mitgeliefert werden? Viele Redaktionen sind hier sehr kooperativ und schicken auf Anfrage sogar ein Artikelbeispiel zur Orientierung oder verweisen auf einen gelungenen Beitrag in einer aktuellen Ausgabe. Wenn Ihnen die Zeitschrift nicht vorliegt und nicht bekannt ist, fragen Sie ruhig aktiv danach! Denn es ist wichtig, dass Ihr Beitrag inhaltlich und formell auf das Medium zugeschnitten ist. In diesem Fall hat der Redakteur wenig Arbeit damit und kann ihn unkompliziert übernehmen. Manche Verlage haben sogar schriftlich ausformulierte Autorenhinweise, in denen exakte Hinweise zur Zusammenarbeit enthalten sind. Andere Redaktionen haben allerdings auch die Auflage, ihre Artikel komplett selbst zu schreiben. In diesem Fall können Sie dennoch schriftliches Basismaterial anbieten und Ansprechpartner für weitere Recherchen nennen.

Tipp

Bevor Sie einen Redakteur anrufen, bereiten Sie sich gut auf das Gespräch vor. Überlegen Sie im Vorfeld, wie Ihr Beitrag aussehen könnte, den Sie zu einem Schwerpunkt anbieten wollen. Vielleicht haben Sie ja sogar zwei Alternativen, die Sie dem Redakteur vorstellen können. Der umgekehrte Ansatz („Ich frage lieber erst mal, was der Redakteur sich so gedacht hat und gerne haben will") lässt Sie dagegen in fast allen Fällen ins Leere laufen. Wenn Sie nämlich frühzeitig anrufen, steht meistens noch kein konkretes Konzept für den Schwerpunkt. Unserer Erfahrung nach lässt sich ein Redakteur oft von den Vorschlägen inspirieren, die aus den Reihen der PR-Agenturen und Pressesprecher kommen, und trifft dann seine Entscheidung.

10.
So entstehen Fachartikel

Unter dem Begriff Fachartikel lassen sich in der Pressearbeit die längeren Beiträge zusammenfassen, die als ausführlicher Basisinput oder auch kompletter Beitrag für Redaktionen geschrieben werden.

Alle Stilempfehlungen, die Sie schon aus dem Kapitel 9 („Pressemitteilungen schreiben") kennen, gelten auch für Fachartikel.

Im Vergleich zur Pressemitteilung, bei der ja die Nachrichtenfaktoren und W-Fragen im Vordergrund stehen, kommt es beim Fachartikel jedoch darauf an, ein Thema auszuleuchten. Dies geschieht – wieder im Vergleich zur Pressemitteilung – ohne einen zwingend erforderlichen Neuheits- oder Aktualitätsbezug. Das Thema sollte jedoch so gewählt sein, dass es für die Mehrheit der Leser neue Informationen bietet und nicht Altbekanntes verkündet wird.

Der Aufbau des Fachartikels ist im Allgemeinen so, dass man eine kurze Zusammenfassung voranstellt, die den Inhalt in zwei bis drei Sätzen wiedergibt. Danach führt der Text den Leser in das Thema ein. Der Einstieg kann auf verschiedene Arten gewählt werden. Von der allgemeinen These, einer aktuellen Situationsbeschreibung, einem konkreten Beispiel oder einem Zitat bis hin zu Zahlen und Fakten aus aktuellen Studien ist alles möglich. Im Mittelteil sollten die einzelnen Aspekte des Themas gründlich beleuchtet werden. Dies können verschiedene Argumente sein, Vorteile und Nachteile sowie auch besondere Vorgehensweisen oder technische Details – ganz nach Thema. Der Schluss wird häufig als Zusammenfassung gestaltet. Hier kann auch alternativ oder zusätzlich ein Fazit gezogen oder ein Ausblick in die Zukunft gegeben werden.

Kennen Sie Ihr Zielmedium?

Mit der jeweiligen Zielpublikation sollten Sie individuelle Anforderungen abklären. So ist es etwa relevant zu wissen, ob der Fachartikel völlig neutral gehalten sein soll, oder ob man Firmen und Produkte erwähnen darf. Dürfen Personen zitiert werden? Wie viele Bilder werden benötigt, und gibt es auch hier gegebenenfalls besondere Vorgaben in Bezug auf die Motive? Sollen darüber hinaus Checklisten zur Verfügung gestellt werden? Wird ein Autorenfoto benötigt? Und wie umfangreich soll die Autoren-Information sein? Zusätzlich ist es wichtig, die benötigte Zeichenzahl zu erfragen, damit Sie nicht zu wenig oder womöglich auch zu viel Text liefern. Wenn diese Fragen geklärt sind, kann inhaltlich nichts mehr schief gehen.

Ihr Artikel sollte möglichst genau passend für das jeweilige Medium getextet sein. Bevor Sie mit dem Schreiben loslegen, sollten Sie daher eine aktuelle Ausgabe genau unter die Lupe nehmen. Ihr Ansprechpartner in der Redaktion wird Ihnen sicherlich gerne ein Exemplar zusenden, wenn Sie ihn darum bitten. Alternativ gibt es viele Zeitschriften heute bereits als E-Paper zum Blättern im Internet. Prüfen Sie auch hier, wie die Artikel aufgebaut sind. Wenn es eine Headline gibt, die in der Regel nur aus drei Wörtern besteht, liefern Sie eine ebensolche mit. Und wenn alle zwei Absätze eine Zwischenüberschrift benötigt wird, sollte diese auch aus Ihrem Hause kommen. Achten Sie auch auf die Bildunterschriften, und wenn ein bestimmter Stil oder Aufbau erkennbar ist, übernehmen Sie auch diesen. So ersparen Sie dem zuständigen Redakteur ein aufwendiges Redigieren und haben sich einmal mehr als Experte für die Unternehmens-Pressearbeit positioniert.

11.
Ein Bild sagt mehr als tausend Worte

Pressestellen und die verpassten Chancen

Zeitschriften leben nicht nur von schönen Pressetexten. Was den Leser erst richtig auf ein Thema einstimmt und ihn in den Text hineinzieht, sind stimmige Pressebilder. Viele Redaktionen haben kaum eigenes Bildmaterial und greifen daher gerne auf geeignete Fotos oder Grafiken von Unternehmen und PR-Agenturen zurück. Während jedoch Presseinfos und Artikelangebote aller Art in Massen den (E-Mail-)Posteingang der meisten Redakteure verstopfen, wird vonseiten der Pressestellen kaum Wert auf geeignete Bebilderungen gelegt. Dies zeigen auch die – wenn überhaupt vorhandenen – Bildarchiv-Seiten im Pressebereich von Firmen-Homepages: Nur selten lässt sich hier mehr finden als ein Logo und ein Porträt des Geschäftsführers. Dabei lassen sich hier in der Zusammenarbeit mit den Journalisten sehr wertvolle Trümpfe ausspielen!

Stellen Sie sich einmal vor, Sie wären der Redakteur eines Fachmagazins, sagen wir mal für die Automobil-Produktion. Jetzt liegen vor Ihnen zwei gleichwertige Fachbeiträge aus unterschiedlichen Unternehmen, beide passend für die kommende Ausgabe. Einziger Unterschied: Für den einen Beitrag hat Ihnen der Pressesprecher eine Auswahl geeigneter Ablaufdiagramme mitgeschickt, die das Thema verdeutlichen, sowie auch ein Autorenfoto in guter Qualität. Für den anderen Beitrag haben sie als Redakteur überhaupt keine Illustration, die das schwierige Thema erläutert oder auflockert. Na, für welchen der beiden Beiträge entscheiden Sie sich?

Es klingt vielleicht hart, aber in diesem Fall entscheidet nicht mehr die Qualität eines textlichen Beitrags, sondern die Tatsache, ob das Unternehmen auch an das passende Bild gedacht hat. Hier greift dann der bekannte Spruch: „Ein Bild sagt mehr als tausend Worte". Allerdings muss es auch schon das richtige Bild sein, wenn es tausend Worte ersetzen soll!

Worauf es bei PR-Bildern ankommt

Für eine Basisausstattung an Bildern sind zunächst Fotos empfehlenswert. Wer regelmäßig Informationen an die Presse gibt, sollte auf jeden Fall Personenfotos vorrätig haben. Hierzu gehört das obligatorische Porträt des Geschäftsführers (oder der Person, die im Unternehmen sonst Statements abgibt oder als Experte positioniert werden soll). Weil man hierfür ohnehin einen guten Fotografen beauftragen sollte, kann dieser auch gleich noch ein paar Aufnahmen in verschiedenen Einstellungen machen. Empfehlenswert sind speziell Bilder von typischen Interviewsituationen, sodass ein Redakteur mehrere Bilder einer Serie in einem Artikel verwenden kann. Bei Personenfotos sollte man darauf achten, auch eine Variante mit einem typischen Attribut anfertigen zu lassen. Dies kann beim Softwarehersteller etwa ein Bild am PC sein, bei der Zeitmanagement-Expertin ein Foto mit einer überdimensionalen Uhr oder einem Zeitplansystem, ein Buchautor kann sein Erstlingswerk in den Händen halten. Notfalls lässt man sich mit einem Platzhalter fotografieren und retuschiert das Original später in das Bild – dank Bildbearbeitungsprogramm ist heute eigentlich alles möglich! Der Fantasie sind keine

Grenzen gesetzt: Wer sich als Firmeninhaber „mit Weitblick" präsentieren möchte, lässt sich am besten am Fenster beim Schachspiel oder auf dem Balkon mit einem Fernglas ablichten.

Ebenfalls gerne abgedruckt werden Gebäudefotos. Falls Sie ein tolles Firmengebäude haben: Glückwunsch! Bestimmt hat der Fotograf keinerlei Problem, dieses hübsch in Szene zu setzen. Falls das Gebäude nicht so fotogen ist, dann stellt dies in der Regel zwar Anforderungen an die Fotografenkunst, unmöglich ist es aber nicht, auch hier ein geeignetes Bild zu erhalten. So können auch Bildausschnitte beeindrucken, beispielsweise nur von einer einzelnen Etage bei der Außenansicht des Gebäudes. Oder man setzt das Firmentor, die Eingangstür oder den Empfang in der Innenansicht – vielleicht sogar mit Logo? – in Szene. Falls es möglich ist, am Eingang auch noch ein repräsentatives Firmenschild oder Unternehmensfahnen im Bild einzufangen, kann das sehr wirkungsvoll aussehen. Wer einen eigenen Fuhrpark mit Servicefahrzeugen hat, kann auch diesen fotografieren lassen. Ein solches Bild kann allerlei Texte zu Kundenservice eindrucksvoll bebildern. Abzuraten ist allerdings dem Unternehmensberater, seinen Porsche mit Firmenaufkleber als Pressebild nutzen zu wollen – dies würde lediglich prahlerisch wirken und hätte keinerlei positiven, sondern vielmehr einen negativen Effekt auf die Reputation.

Generell sind Logos auf Pressebildern eher unerwünscht – bei Gebäudefotos dagegen kann man sie sehr gut integrieren. Das Logo auf dem Gebäude, vor dem Gebäude, auf Fahnen oder sandgestrahlt auf Glastüren ist nicht nur dekorativer Blickfang, sondern macht dem Leser auch klar, um welches Unternehmen es im Text geht.

Austauschbarkeit versus Einzigartigkeit

Aufnahmen von Produkten und Dienstleistungen sind ebenfalls empfehlenswert, da sich die Texte eines Unternehmens ja überwiegend mit genau diesen Themen beschäftigen werden. Jedoch gibt es ja viele Angebote und Services, die sich schwer fotografieren lassen. Hierzu zählen Softwarelösungen oder auch „Consulting", wahlweise auch „Coaching" oder „Training". Gerne genommene, weil offensichtliche Bildideen sind bei Software die gähnend langweiligen, grauen Screenshots. Und beim Consulting und Coaching? Googeln Sie mal diese Begriffe bei Google in der Bilder-Suche: Die typischen Bildmotive für Consulting sind „Händeschütteln" oder die Darstellung von Meetings. Bei der Suche nach „Training" findet man überwiegend Schulungssituationen aller Art.

Ein wichtiges Kriterium für PR-Bilder ist die Einzigartigkeit. Schlimm wäre es, wenn Ihr Bild ohne jegliche Veränderungen auch vom Wettbewerber eingesetzt werden könnte. Daher sollten Sie auf die Individualität eines PR-Bildes achten. Diese kann durch die Wahl ihrer Firmenfarbe, spezielle, vielleicht wiederkehrende Elemente oder eine bestimmte Kameraeinstellung erreicht werden. Ein PR-Bild muss auch nicht zwangsläufig ein Foto sein. Als PR-Berater von Unternehmen aus der Informationstechnologie haben wir sehr gute Erfahrungen mit Grafiken und Collagen gemacht, die die Thematik sehr viel besser erklären können als ein einfaches Fotomotiv. Beispielsweise lassen sich in Grafiken Beziehungen oder Abläufe sehr einfach darstellen.

Die zehn größten Fehler rund um PR-Bilder

1. Gar kein Bild. In der heutigen Zeit und bei dem großen Bedarf von Redaktionen an gutem Bildmaterial ist es fast sträflich, einer Zeitschrift zu einem Text kein Bild anzubieten. Sie verschenken Veröffentlichungschancen, wenn Sie hier nichts in petto haben.

2. Kein eigenes Bild. Bilder aus Bilddatenbanken kann sich ein Redakteur zur Not selbst heraussuchen. Ihr eigener PR-Effekt ist gleich null, wenn Sie zulassen, dass ein austauschbares Bild bei Ihrem PR-Text steht.

3. Schlechte Qualität. Vor Veröffentlichung war keine Zeit, und Sie haben deshalb schnell ein Foto vom Kollegen vor der Raufasertapete geknipst? Mit ordentlich Schlagschatten hintendran? Oder Ihr „Porträt" aus einem lustigen Bild vom letzten Strandurlaub herausgeschnitten? Schnell noch ein altes Passfoto eingescannt, das digitalisiert einen hübschen Rastereffekt aufweist? Das geht gar nicht – denn die schlechte Qualität des Fotos wird vom Leser nur zu schnell mit einer schlechten Qualität der Dienstleistung in Verbindung gebracht.

4. Werbliche Aufnahme. Fotos aus Ihrer Werbekampagne haben in der Pressearbeit nichts verloren. Die Redaktionen können die Werbeaufnahmen nicht als Illustration zu Texten verwenden – es sei denn, exakt diese Kampagne ist Thema des Beitrags.

5. Niedrige Auflösung. Damit ein digitales Bild druckfähig ist, muss es folgende Mindestansprüche erfüllen: Es muss eine Auflösung von 300 dpi aufweisen und mindestens zehn Zentimeter breit sein.

Die zehn größten Fehler rund um PR-Bilder
(Fortsetzung)

Achtung: Ein Hochsetzen der einzelnen Werte, um eine zu kleine Datei „hochzurechnen", führt zu keiner Verbesserung, das Bild wird also dadurch nicht druckfähig.

6. **Falsche Dateiformate.** Haben Sie schon mal versucht, eine rar-Datei zu öffnen? Viele Nutzer haben hierfür nicht das passende Programm. Oder wollen Sie eine Grafik aus einer Power-Point-Datei als Bildmaterial für einen Pressetext anbieten? Vergessen sie es ganz schnell wieder! Akzeptierte und verbreitete Dateiformate sind eps, jpg und tiff. Andere Bildformate sollten Sie in der Zusammenarbeit mit Redaktionen nicht verwenden.

7. **Logo verwendet.** Eines werden Redaktionen mit großer Sicherheit nicht als Illustration verwenden wollen, wenn sie ein Pressebild benötigen: Ihr Firmenlogo! Logos werden in Anzeigen und manchmal auch in (als Anzeige gekennzeichneten) Advertorials veröffentlicht, nicht aber im redaktionellen Teil einer Zeitung. Bieten Sie also Ihr Logo gar nicht erst als mögliches Bildmaterial an, wenn Sie sich die Achtung des Redakteurs nicht verscherzen wollen!

8. **Thema verfehlt.** Angenommen, Sie haben eine Presseinformation zur neuen Softwarelösung mit Webanbindung geschrieben und senden Ihr neuestes Gebäudefoto als Bildmaterial zur Redaktion – dann ernten Sie damit keine Lorbeeren. Das Bild sollte immer die Botschaft des Textes aufgreifen – sonst passt es leider nicht. Ideal wäre in diesem Fall ein Bild der neuen Software, auf dem die Webanbindung deutlich herausgestellt ist.

9. **Keine Bildzeile.** Jedes Bild, welches an eine Redaktion herausgeht, benötigt eine knappe Bildzeile, die erläutert, was auf dem Bild zu sehen ist.

Die zehn größten Fehler rund um PR-Bilder
(Fortsetzung)

Insbesondere, wenn Personen abgebildet sind, sind deren Namen und Zugehörigkeiten zum Unternehmen zu erläutern. Sonst kann es passieren, dass ein Foto aus Ihrem Hause plötzlich einem Mitbewerber zugeordnet wird oder bei einem Ansprechpartner aus Ihrem Unternehmen ein falscher Name steht.

10. **Unklare Bildbenennung.** „DSC0002893a8.jpg" sollte sich keines Ihrer PR-Bilder nennen – auch dadurch vermeiden Sie Verwechslungen in der Redaktion. Führen Sie eine klare Struktur und „sprechende Namen" für Bilder ein, beispielsweise „firmennamen_nachname_vorname.jpg" und „firmenname_gebäude_außen1.jpg". Das macht einen professionellen Eindruck. Beim Versenden von Bildern kann der Redakteur dann schon anhand der Benennung eindeutig erkennen, um welches Bild es sich handelt. Wird es irgendwo auf einer Festplatte zwischengespeichert, ist die Herkunft später noch erkennbar.

12.
Pressemappen:
Das Plus an Information

Überall dort, wo Sie mit Journalisten in persönlichem Kontakt stehen, ist eine Pressemappe unentbehrlich. In einer solchen Mappe sind mehrere aktuelle Pressemitteilungen enthalten sowie Hintergrundinformationen und Bildmaterial. Sie bietet damit einen umfassenden Überblick über das Unternehmen und aktuelle Themen. Alles, was man einem Journalisten zum passenden Thema gerne mitteilen möchte, lässt sich in dieser Mappe bündeln. Damit wird Ihre Pressemappe zu einem wertvollen Hilfsmittel für den Pressekontakt auf Messen, auf Pressekonferenzen oder auf Presseevents.

Inhalt und Aufbau

Eine Pressemappe sollte mindestens eine neue und auf den Anlass abgestimmte Pressemitteilung enthalten. Darüber hinaus gehören auch noch zwei bis drei vorhergehende Pressemitteilungen hinein. (Bei diesen wird das Datum der Veröffentlichung beibehalten und nicht etwa auf das aktuelle Datum des Pressetermins aktualisiert.) Zur Grundausstattung zählen weiterhin Firmeninformationen, für dies es jedoch keine Norm gibt. Es kann sich dabei je nach Geschmack oder Informationsfülle um ein ausformuliertes Firmenprofil mit Historie und aktuellen Geschäftsfeldern handeln oder auch um ein Datenblatt mit Zahlen und Fakten. Wichtig ist jedoch, dass die relevanten Unternehmensinformationen enthalten sind. Hierzu gehören beispielsweise Firmierung, Gründungsdatum, ein Überblick über das Produkt- oder Dienstleistungsportfolio sowie auch Angaben zu Branchen und Zielgruppen.

Ein wichtiger Bestandteil der Pressemappe ist darüber hinaus Bildmaterial. Wenn der Redakteur über Ihr Unternehmen berichten will, sollte er passende Fotos und Grafiken nicht erst anfragen müssen, sondern direkt in der Mappe finden. Es ist dafür nicht zwingend erforderlich, dass Fotoabzüge oder eine Presse-CD mit Dateien in der Mappe liegen. Sinnvoll ist es aber, auf einer separaten Seite zumindest einen Download-Link anzugeben. Empfehlenswert ist es zudem, die Bilder auch als ausgedruckte „Vorschaubilder" in die Pressemappe zu geben. Dies hat den Vorteil, dass der Redakteur schon sehen kann, welche Bilder Sie ihm zur Verfügung stellen können. Er hat dann die Möglichkeit zu prüfen, ob das angebotene Material zu seiner Zeitschrift passt.

Als weiteres Element einer Pressemappe können Sie ein Interview mit dem Geschäftsführer oder einem leitenden Angestellten, in dem dieser zu aktuellen Themen wie Unternehmenszielen, Trends, Markteinschätzungen oder geplanten Neuausrichtungen informiert, hinzufügen. Auch Zitatsammlungen zu diesen Themen werden von Redaktionen gerne genutzt, um einen Artikel zu erstellen.

Je nach Angebot und Größe des Unternehmens können weitere Datenblätter, Biografien und Ähnliches Bestandteil der Pressemappe sein. Auch der Anlass selbst kann weiteres Informationsmaterial erforderlich machen: So könnten Sie beispielsweise anlässlich einer Preisverleihung auch zum Preis, früheren Preisträgern, Informationen zu Jury und Ähnlichem Angaben in der Pressemappe machen, die über die Inhalte der aktuellen Pressemitteilung möglicherweise hinausgehen.

Ein Inhaltsverzeichnis zur Pressemappe erleichtert dem Journalisten den Überblick und die Orientierung. Drucken Sie hier auch den Ansprechpartner für die Presse und alle Daten für eine schnelle Kontaktaufnahme hinein. Bei Messen sollten Sie zudem die Hallen- und Standnummer angeben, sodass der Journalist Ihr Unternehmen auf dem Gelände auch schnell und einfach finden kann.

Vorsicht

Sie sollten Ihre Pressemappe keinesfalls überladen. Zu viele Pressemitteilungen machen die Mappe unübersichtlich. Auch zu viele unterschiedliche Elemente überfordern den Journalisten. Bei Messen haben für viele Redaktionen mittlerweile Pressemappen den Vorrang, die nicht mit Papier überfüllt sind. Denn Papier ist schwer, und wer von jedem Stand Pressemappen mitnehmen möchte, schleppt schon bald eine schwere Materialsammlung mit sich herum.

Gedruckt oder digital?

Viele Firmen verwenden als Pressemappe eine Standardmappe mit Logo, die auch für Angebote und Interessenteninformationen genutzt wird. Eine solche gedruckte Mappe hat den Vorteil, dass der Redakteur sie in den Händen halten kann. Er kann während eines Gesprächs oder einer Konferenz die betreffende Meldung herausziehen und sich darauf ergänzende Notizen machen.

Falls Sie keine gedruckte Mappe haben, aber auch nur eine kleine Stückzahl an Pressemappen benötigen, eignen sich Klippmappen mit transparentem Kunststoffdeckel aus dem Schreibwarenhandel. Sie sind für Kleinauflagen eine preislich interessante Alternative. Die Mappen sind in vielen bunten Farben erhältlich, sodass Sie ohne Mühe eine Mappe in Ihrer Firmenfarbe kaufen können. Layouten Sie dann die erste Seite Ihrer Pressemappe derart, dass Firmierung und Logo gut zu erkennen sind!

Bieten Sie in der Pressemappe genügend Weißraum für handschriftliche Bemerkungen an – hierzu sollten die Pressemitteilungen einen breiten Rand haben. Die Dokumente selbst dürfen schlicht gehalten, sollten aber übersichtlich layoutet sein.

Die meisten Journalisten schätzen darüber hinaus eine Presse-CD, welche beispielsweise mit dem passenden Bildmaterial bestückt ist. Auch die Pressemitteilungen selbst können Sie auf die Presse-CD brennen. Nette Beigaben, die nicht teuer sein müssen, haben sich bewährt. Sie sollten möglichst nicht nur ein Werbeartikel sein, sondern dem Journalisten einen Mehrwert für seine Arbeit bieten, wie etwas ein Kugelschreiber oder ein USB-Stick mit Bilddaten. Bei Pressekonferenzen sollten Sie zusätzlich Blöcke für Notizen anbieten – nicht als Bestandteil der Pressemappe, sondern als Angebot für den Journalisten.

Wie viele Mappen benötigt werden

In welcher Auflage Sie Ihre Pressemappe fertigen, ist vom jeweiligen Anlass abhängig. Bei Messen rechnen Sie mit Mappen für die Redakteure, mit denen Sie einen Gesprächstermin vereinbart haben, plus zusätzlich einige Exemplare, die Sie im dortigen Pressezentrum auslegen können. Klären Sie zuvor mit dem Veranstalter ab, ob ein Pressefach im Pressezentrum kostenpflichtig oder gratis ist und ob vorab eine schriftliche Reservierung benötigt wird. Je nach Größe der Messe variiert die Zahl der zu fertigenden Mappen. Einen Anhaltspunkt für Ihre Vorbereitungen kann auch hier die Presseabteilung des Messeveranstalters geben. Fragen Sie dort einfach zwei bis drei Wochen vorher an, wie viele Journalisten sich für die Veranstaltung bereits akkreditiert haben. Diese Angabe ist eine wertvolle Richtschnur für die Einschätzung, wie gefragt die Veranstaltung bei den Journalisten tatsächlich ist. Ziehen Sie von der genannten Zahl noch einmal 20 Prozent ab, dann haben Sie die Zahl der Mappen, die Sie vorbereiten sollten. Denn selbst wenn die Zahl der tatsächlich anwesenden Journalisten die Zahl der bisherigen Akkreditierungen übersteigen sollte, werden sich erfahrungsgemäß nicht alle eine Pressemappe Ihres Unternehmens mitnehmen.

In vielen anderen Fällen ist eine digitale Pressemappe völlig ausreichend. In diesem Falle speichern Sie die kompletten Informationen auf einer Presse-CD oder auch als Online-Angebot. Vorteile der digitalen Pressemappe sind die niedrigeren Kosten sowie die Möglichkeit, Informationen schnell und einfach zu aktualisieren. Auch Video- und Audiodateien oder Animationen können online zur Verfügung gestellt werden. Zudem können die Texte und Bilder direkt von den Redaktionen übernommen werden.

Einsatzzweck von Pressemappen

Pressemappen kommen immer dann zum Einsatz, wenn Sie an Journalisten nicht nur die Inhalte der aktuellsten Pressemitteilung kommunizieren wollen, sondern sich in einem größeren Kontext präsentieren. Dies ist bei Pressekonferenzen der Fall, bei Interviewterminen auf Messen, bei Redaktionsbesuchen vor Ort oder bei anderen Anlässen, zu denen Sie Redaktionen einladen. Übergeben Sie die Pressemappe gleich zu Beginn des Termins. Sie eignet sich dazu, im persönlichen Gespräch als Leitfaden herangezogen zu werden, oder auch bei Terminen mit mehreren Journalisten als Infomappe ähnlich den Tagungsunterlagen eines Seminars. Viele Journalisten machen sich zu den besprochenen Themen in der Pressemappe Notizen, sortieren sie um oder legen unbenötigtes Material beiseite. Wundern Sie sich also nicht, wenn Sie nach einem Pressetermin „zerfledderte Mappen" vorfinden, und prüfen Sie nach, ob alle Mappen vollständig bestückt sind, wenn Sie sie noch einmal weiterreichen wollen.

Falls Sie die Kosten für gedruckte Pressemappen in den Pressefächern auf Messen scheuen sollten, dann ist auch hier die digitale Version durchaus akzeptiert. Zumindest bei Pressekonferenzen und bei persönlichen Gesprächen sollten Sie auf eine gedruckte Variante nicht verzichten.

Tipp

Journalisten im deutschsprachigen Raum schätzen hochwertige Informationen, aber legen kaum Wert auf teuer produziertes PR-Material. Es ist daher nicht notwendig, Pressemappen auf einem teuren Farblaser-Drucker auszudrucken, bunte Bilder in jeden Text einzubinden oder Ähnliches. Verzichten Sie unbedingt auch auf werbliche Flyer und Imagebroschüren in den Mappen. Alle diese für den Endkunden gedachten Drucksachen bieten dem Journalisten für seine Arbeit kaum Mehrwerte und wandern zu 99 Prozent in den Papierkorb. Genauso wenig Verwendung haben Journalisten für einen Pressespiegel in der Pressemappe. Hier können Sie sowohl Zeit als auch Kosten sparen und ernten dafür eine höhere Akzeptanz für Ihre Professionalität beim Zusammenstellen von PR-Materialien.

13.
Kontaktmanagement:
Journalisten,
die unbekannten Wesen

Das Bild vom knurrigen Journalisten-Raubein hält sich seit Jahrzehnten. Tatsächlich gibt es auch einige wenige Vertreter der schreibenden Zunft, die einen anrufenden Pressesprecher gerne verbal am Telefon zusammenfalten, brummig-kauzige Auskünfte geben oder in einer Pressekonferenz bohrende, unangenehme Fragen stellen. Freundlichkeit und Nachsicht helfen weiter, und meistens stellt man bei einem späteren Kontakt fest, dass der betreffende Redakteur eigentlich doch ganz nett ist und wohl nur einen schlechten Tag hatte.

Stressfaktoren im Redaktionsalltag

Redakteure sind auch nur Menschen, und sie haben es auch oft nicht leicht. Auf der einen Seite werden sie bombardiert mit Informationen. Hunderte Pressemitteilungen im E-Mail-Eingang am Tag sind keine Seltenheit und, wie Sie sich vorstellen können, kaum zu bewältigen. Und auf der anderen Seite rufen zahlreiche PR-Assistentinnen bei ihnen an, um nachzufragen, ob und wann die jüngst versendete Pressemitteilung veröffentlicht werden wird. Parallel drängen Messetermine, Pressekonferenzen und die Deadline. Und in der Zwischenzeit – wenn gerade einmal niemand anruft – soll der Journalist auch noch Informationen selektieren, bewerten, nachrecherchieren und daraus packende und gehaltvolle Artikel für sein Blatt zaubern. Ein wenig Verständnis für die Abläufe im Redaktionsalltag sollten die PR-Leute daher mitbringen. Und mit etwas gesundem Menschenverstand kann man sich auch gedanklich an die andere Seite des Schreibtischs setzen und verstehen, wie Redakteure „ticken".

Sparen Sie sich das Nachfassen nach Pressemitteilungen! Permanentes Nachfragen per Telefon gehört für Redaktionen zu den Dingen, die sie am meisten nerven. Beschleunigen oder beeinflussen werden Sie eine Veröffentlichung dadurch ebenfalls nicht. Mit dem telefonischen Nachfassen machen sich den Journalisten daher eher zum Feind als zum Freund!

Knüpfen Sie persönliche Kontakte

Ein persönlicher Draht zur Redaktion vereinfacht die Pressearbeit in vielen Dingen. Es fällt häufig leichter, Themen und Artikelvorschläge anzubringen, wenn man sich kennt, und sei es nur von früheren Telefonaten. Hinzu kommt: Journalisten haben Unternehmen ganz anders auf dem Radar, wenn sie schon einmal mit deren Geschäftsführern oder Pressesprechern gesprochen haben. Steht die Pressemitteilung eines bekannten Absenders im Posteingang, wird diese ganz anders wahrgenommen als die E-Mail-Nachricht eines unbekannten Unternehmens. Das Ergebnis ist, dass Unternehmen, die den Kontakt zur Redaktion herstellen und halten, öfter berücksichtigt werden als andere.

Wenn also in der Pressearbeit nach „guten Kontakten" zu Redaktionen gefragt wird, hat dies seine Berechtigung. Die gute Nachricht ist: Sie können jederzeit anfangen, diese guten Kontakte aufzubauen. Die meisten Redakteure können sich sehr gut erinnern, mit welchen Pressestellen oder Agenturen sich unkompliziert und mit guten Ergebnissen zusammenarbeiten ließ! Am einfachsten kommen Sie bei einem Redakteur zum Ziel, wenn Sie ihm passende Themenvorschläge machen und kreative Ansätze für die redaktionelle Berichterstattung bereithalten.

Drei Ebenen der Zusammenarbeit

Die Zusammenarbeit mit Redaktionen erfolgt üblicherweise auf mehreren Ebenen. Die erste ist die schriftliche Ebene: Sie mailen dem Redakteur Ihre Pressemitteilung zu und hoffen, dass er daran Interesse findet und diese veröffentlicht. Die zweite Ebene ist das Telefonat. In der Regel werden Sie vermutlich den Redakteur anrufen, um ihm Themen vorzuschlagen oder ihn zu einem Termin einzuladen. Bereiten Sie sich gut auf das Gespräch vor und halten Sie alle relevanten Informationen bereit, beispielsweise interessante Themenvorschläge oder die Angaben zum entsprechenden Pressetermin. Antworten Sie auf Rückfragen so fundiert wie möglich. Bei Fragen, zu denen Sie selbst weitere Informationen einholen müssen, sollten Sie einen Rückruf oder nähere schriftliche Informationen versprechen, um sich Zeit zu verschaffen. Sollten Sie im Telefonat merken, dass der Zeitpunkt gerade ungünstig ist, fragen Sie ruhig aktiv, wann Sie ein weiteres Mal anrufen können, um Ihr Anliegen in Ruhe zu besprechen. Möglicherweise muss die Zeitung am heutigen Tag in den Druck, und morgen ist dann wieder mehr Ruhe für ausführliche Telefonate.

Die dritte Ebene ist das persönliche Treffen. Dies kann anlässlich einer Pressekonferenz sein, sodass Sie zwar den Redakteur begrüßen und verabschieden können, aber womöglich keine Zeit bleibt für ein ausführliches Gespräch. In Zeiten knapp besetzter Redaktionen und zusammengestrichener Budgets finden Pressekonferenzen aber immer seltener statt. Da man selten alle relevanten Redaktionen zu einem Termin versammeln kann, ist oft das Gespräch unter vier Augen die bessere Wahl. Hier findet dann zudem ein Austausch statt. Sie können im persönlichen Gespräch leichter herausfinden, auf welchem Wissensstand der Redakteur ist, und zugleich eruieren, wo vielleicht noch Fragen offen sind. Für das persönliche Gespräch eignet sich zum einen ein Besuch in der Redaktion. Prüfen Sie, wo Ihre wichtigsten Zielpublikationen sitzen, überlegen Sie sich ein gutes und aktuelles Thema und fragen Sie beim Redakteur nach, ob Sie vorbeikommen dürfen. Ideal ist es, wenn mehrere Redaktionen in einer Stadt oder einer Region arbeiten, denn dann können Sie im günstigsten Fall mehrere Termine an einem Tag zusammenlegen. Rund eine Stunde kann man für ein solches Gespräch vor Ort einplanen – vorausgesetzt Ihr Thema klingt spannend und weckt Interesse.

Generell sollten Sie in der Zusammenarbeit mit Redaktionen in jedem Falle zuverlässig sein und Absprachen sowie vereinbarte Termine einhalten. Dies ist wichtig, damit der Redakteur Sie als wertvollen Partner auf Unternehmensseite einschätzt und in Erinnerung behält. In der Pressearbeit kommt es auf Wahrheit und Klarheit an. Nur so kann ein Unternehmen glaubwürdig am Markt agieren und sich das Vertrauen bei der Presse und somit auch beim Leser erarbeiten.

Pressekontakte auf Messen und Veranstaltungen

Eine tolle Gelegenheit für hochwertige Redaktionskontakte bietet sich meistens auf Messen und Veranstaltungen. Wer hier ausstellt, sollte auf jeden Fall mit den relevanten Redaktionen wegen eines Gesprächstermins in Kontakt treten. Wie man herausbekommt, welche Journalisten einen Besuch der Veranstaltung einplanen? Nun, Sie können einerseits beim Messeveranstalter nachfragen, welche Journalisten sich bereits offiziell für einen Besuch akkreditiert haben. Fragen kostet nichts, und die Aussichten sind recht gut, dass Sie die gewünschten Informationen erhalten. *Vergleichen Sie hierzu auch Kapitel 5 zum Thema Presseverteiler!* Journalisten nutzen diese Möglichkeit vorab, um eine Eintrittskarte zugeschickt zu bekommen und so am ersten Messetag Wartezeiten zu vermeiden. Außerdem stellen sie durch ihre Akkreditierung sicher, dass sie die aktuellsten Pressemitteilungen zur Messe zugeschickt bekommen. Viele (leider nicht alle!) Pressestellen von Messeveranstaltern geben ihre Informationen zu Pressekontakten gerne an die Aussteller heraus. Sie versprechen sich einen Multiplikationseffekt, wenn neben ihnen auch weitere Firmen PR rund um die Veranstaltung machen und die Redaktionen ansprechen. Manche Veranstalter bieten eine solche Liste daher im Rahmen einer kostenfreien oder zumindest preislich interessanten PR-Offensive rund um das Event sogar offensiv an. Eine zweite Möglichkeit: Prüfen Sie, welche Redaktionen Medienpartner der Veranstaltung sind. Heute gewinnt fast jede größere Veranstaltung Zeitschriften und Online-

Portale als Medienpartner für eine ausführliche Bericht-erstattung. Im Gegenzug haben die Verlage meistens die Möglichkeit, mit einem kleinen Stand vertreten zu sein oder ihre Hefte an einem Fachpressestand auszulegen. Bei den Medienpartnern ist also davon auszugehen, dass sie an der Veranstaltung ein großes Interesse haben und diese auch besuchen werden.

So bekommen Sie Journalisten zum Termin

Nicht zwangsläufig sind die Verteilerlisten Dritter voll-ständig, und nicht immer sind Medienpartnerschaften mit allen relevanten Zeitschriften möglich. Daher sollten Sie Ihren eigenen Presseverteiler vor einer Messe auch noch einmal gründlich unter die Lupe nehmen. Alle Journalisten, die sich fachlich mit dem Thema der Ver-anstaltung beschäftigen, können Sie zu einem Besuch auf Ihrem Messestand einladen. Es hat sich bewährt, eine Einladung mit aktuellen Gesprächsthemen an die infrage kommenden Journalisten zu senden. Dies können Sie per E-Mail tun. In vielen Redaktionen werden die Ein-ladungen ausgedruckt oder als Datei in einem speziellen Ordner gesammelt, um dann die interessantesten an-zunehmen. Fassen Sie unbedingt telefonisch bei den Journalisten nach, um mit diesen möglichst feste Termine zu vereinbaren. Denn nur so können Sie sicher-stellen, während der Messe genau dann Zeit zu haben und mit dem Redakteur zu sprechen, wenn er am Stand auftaucht. Ein fester Termin hat dadurch nicht nur Vor-teile für den Redakteur, sondern auch für Sie, weil Sie vorbereitet sind und gegebenenfalls eine Gesprächsecke für Ihren Termin frei halten können.

Tipps für Ihre Pressegespräche

Die meisten Journalisten verabreden sich gerne zu einem Gesprächstermin mit Unternehmen und sind sehr aufgeschlossen für die Neuheiten aus Ihrem Haus. Ein Vorteil ist, dass sie so Informationen aus erster Hand bekommen. Mit etwas Gespür für aktuelle Trends können sie tolle Themen für ihre Berichterstattung aus solch einem Gespräch „herauskitzeln" und mit nach Hause nehmen. Damit dies auch der Fall ist, sollten Sie zu Beginn des Termins zum einen die verfügbare Zeit sowie auch die Interessen des Journalisten abklären. So wissen Sie, wie lange Ihr Gesprächspartner am Stand bleiben kann. Darüber hinaus ist es wichtig zu wissen: Kennt er das Unternehmen schon gut oder soll zunächst die Firma vorgestellt werden? Überreichen Sie zu Beginn des Gesprächs die vorbereitete Pressemappe. Sie kann Orientierung bieten, wenn es um die Neuheiten und aktuellen Projekte des Unternehmens geht. Außerdem verwenden Redakteure die Mappe häufig, um sich Stichworte auf den enthaltenen Pressemitteilungen zu notieren. Viele Journalisten sind dankbar, wenn sie sich einen Überblick über das Unternehmen, seine Geschäftsfelder und einen Abriss über die Produkte oder Dienstleistungen verschaffen können. Allerdings sollten Sie eine solche Firmenpräsentation möglichst knapp halten. Es reicht übrigens aus, wenn Sie dies mündlich übernehmen. Zur visuellen Unterstützung können Sie eventuell auf ein Firmen-Organigramm oder eine geeignete Grafik zu Ihrem Portfolio zurückgreifen. Eine PowerPoint-Präsentation dagegen wäre für einen solchen Termin in der Regel zu umfangreich und auch zu starr in ihrem Aufbau.

Fragen Sie den Journalisten nach einer solchen Kurz-vorstellung, ob Sie auf einen bestimmten Punkt näher eingehen sollen und wo sein Interessenschwerpunkt liegt. Möglicherweise hat er auch schon konkrete Fragen – auch zu den von Ihnen angekündigten Messehigh-lights. Gehen Sie hierauf näher ein, und stellen Sie die Vorgehensweisen, Funktionalitäten oder technischen Besonderheiten vor. Erläutern Sie zudem, worin Ihre Alleinstellungsmerkmale liegen und an welche Ziel-gruppe Sie sich mit Ihrer Neuheit richten. Sicherlich werden Ihnen Fragen gestellt werden. Achten Sie auf die Körpersprache des Redakteurs – ist er aufmerksam oder gelangweilt? Häufig wird in Presseterminen der Fehler gemacht, dass zu sehr aus der Unternehmenssicht kommuniziert wird. Die Bedürfnisse des Redakteurs und der Leser kommen dann kaum zur Sprache – oft des-halb, weil der Redakteur gar nicht die Gelegenheit be-kommt, eine Frage zu stellen. Geben Sie also im Verlauf des Gesprächs dem Journalisten ausreichend Raum, seine Meinung und Ansichten zu äußern, Details zu erfragen oder gegebenenfalls am Messestand auch das betreffende Exponat ansehen.

Viele Ansprechpartner sind unsicher, wie sie einen Journalisten im Pressegespräch behandeln sollen. Sie führen das Gespräch dann häufig auf einer sehr fach-lichen Ebene. Aber: Journalisten sind auch nur Menschen. Und die meisten tauschen sich auch sehr gerne auf in-formeller Ebene aus. Ein beliebtes Thema für den Messe-Small-Talk ist etwa Ihre persönliche Einschätzung zur laufenden Veranstaltung, zur Zufriedenheit mit der Besucheranzahl und -qualität oder auch zu aktuellen Branchenentwicklungen. Geben Sie hier durchaus das gewünschte Feedback – für Journalisten ist es wichtig, viele Meinungen einzuholen, um das Stimmungsbild der Branche möglichst exakt erfassen zu können. Sollte er Zitate in einem Artikel verwenden wollen, wird er Sie in der Regel um die Zusendung eines schriftlichen Statements bitten. Dies können Sie auch gerne aktiv anbieten!

Am Ende des Termins sollte ein Ergebnis stehen, damit beide Parteien von dem Gespräch profitieren. Schlagen Sie dem Redakteur beispielsweise ein konkretes Thema für eine der nächsten Ausgaben vor.

Beispiele:
„Wir könnten Ihnen einen schönen Beitrag über die Trends im xyz-Markt liefern. Hätten Sie daran Interesse?" Oder: „Wäre denn ein Anwenderbeispiel zu unserem Produkt ein interessantes Thema für Ihr Spezialheft im August?"

Auch eine Frage, inwieweit der Journalist Ihr Thema in der nächsten Zeit überhaupt aufgreifen kann, ist legitim.

Beispiele:
„Planen Sie zu dieser Messe einen Nachbericht?" Ist eine solch konkrete Idee noch nicht spruchreif, können Sie auch einen Termin vereinbaren, wann Sie noch einmal telefonieren wollen.

Tipp

Eine vorsichtige Nachfrage, in welcher Form eine Bericht-
erstattung in der jeweiligen Publikation möglich ist, ist
legitim und stößt auf Verständnis. Fragen Sie jedoch nicht
allzu plump: „Und wann erscheint jetzt ein Bericht?"
Positionieren Sie sich im Gesprächstermin als Partner der
Journalisten und signalisieren Sie, dass Sie gerne fachliche
Informationen zu Ihren Themengebieten geben, sich aber
auch nicht aufdrängen. Erwarten Sie auch niemals, dass
Ihnen ein Presseartikel vorab zur Freigabe vorgelegt wird.
Dies ist ein völlig unübliches Vorgehen, welches gegen die
Journalistenehre verstößt. Diese beiden Tipps sollten Sie
unbedingt auch an Vorgesetzte und Kollegen weitergeben,
die bei einem solchen Pressegespräch dabei sind!

14.
Monitoring der Veröffent-
lichungen

Um den Erfolg Ihrer Pressearbeit zu kontrollieren und intern zu dokumentieren, sollten Sie einen regelmäßig erscheinenden Pressespiegel anlegen. Dieser besteht aus Kopien oder Ausdrucken der Print- und Online-Veröffentlichungen. Üblicherweise werden diese auf einem Medienblatt aufgebracht, welches in der Kopfzeile noch Angaben zum Medium, der Auflage, Erscheinungsweise und Datum der Veröffentlichung enthält. Wenn Sie die Medienblätter chronologisch abheften oder stoßweise digitalisieren, haben Sie eine (weitgehend) vollständige Dokumentation der Ergebnisse Ihrer Pressearbeit. Wir schreiben „weitgehend", weil es fast unmöglich ist, die Veröffentlichungen über das eigene Unternehmen zu hundert Prozent zu entdecken. Natürlich ist die Dokumentation des Erreichten gleichzeitig auch die Grundlage für kommende Entscheidungen in Bezug auf die Kommunikationsstrategie.

Presseveröffentlichungen auf eigene Faust zu finden, ist eine aufwendige Sache. Natürlich sollten Sie Zeitschriften, die in ihrem eigenen Unternehmen im Posteingang eintreffen, auf Abdrucke hin durchsehen. Manche Redaktionen schicken ein Belegheft an die Firmen, deren Pressemitteilungen, Fachartikel oder Interviews verwendet wurden. Zudem können Sie Beleghefte von Veröffentlichungen, die Ihnen möglicherweise telefonisch oder schriftlich durch einen Redakteur angekündigt wurden, auch beim Verlag anfordern. (Hierum sollten Sie bei der Redaktion oder der Anzeigenabteilung höflich bitten, ein rechtlicher Anspruch auf einen Beleg besteht nämlich nicht.) Darüber hinaus haben Sie die Möglichkeit, Ihre Online-Veröffentlichungen im Internet zu recherchieren. Indem Sie bei Google nach dem

Unternehmensnamen oder der kompletten Überschrift der Pressemitteilung suchen, stoßen Sie schnell auf die relevanten Portale und redaktionellen Webseiten, die Ihre Meldung aufgegriffen haben. Richten Sie bei Google Alert ein Konto ein, um über aktuelle News zu Ihrem Firmennamen per E-Mail informiert zu werden. Dieser Service ist völlig kostenfrei! Daneben lassen sich zahlreiche weitere Dienste einrichten, mit denen Sie entweder über E-Mail oder einen RSS-Feed automatisiert über Erwähnungen des Unternehmens- oder Produktnamens informiert werden.

Abbildung 5: Mit Google Alert können Sie sich zu beliebigen Suchbegriffen bequem per E-Mail informieren lassen.

So lassen sich auch Blogs auswerten. Im Web gibt es zahlreiche Tools, mit denen dies möglich ist. Da sich der Stand der Dinge online ständig ändert und eine solche Liste durch die Geschwindigkeit im Web nie komplett sein kann, soll die Nennung einiger Tools an dieser Stelle ausreichen: Für das Blog-Monitoring eignen sich unter anderem „rivva" *(www.rivva.de)*, „Bloglines" *(www.bloglines.com)*, „Icerocket" *(www.icerocket.com)* oder auch „Google Blogsearch" *(http://google.com/blogsearch)*. Die Dienste funktionieren alle etwas unterschiedlich und sollten von Ihnen in jedem Fall auf eine Eignung für Ihren Bedarf getestet werden. Teils bieten sie intelligente Suchfunktionen oder auch die Option, Schlagworte zu abonnieren. Suchen lassen sich via RSS häufig auch abonnieren, sodass man bezüglich eines Blogmonitorings immer recht zuverlässig auf dem Laufenden bleiben kann.

Abonnieren Sie auch die zahlreichen Newsletter, die von Ihren Top-Zielzeitschriften angeboten werden. Vielfach wird man durch eine Veröffentlichung im Newsletter auf eine Erwähnung im Web aufmerksam. Die meisten redaktionellen Seiten setzen auf E-Mail-Newsletter, um ihre aktuellen Themen spannend „anzuteasern" und die Leser auf das eigene Portal zu ziehen.

Ausschnittservice finden und beauftragen

Neben der Möglichkeit, Veröffentlichungen selbst zu suchen, kann natürlich auch ein kostenpflichtiger Anbieter beauftragt werden. Verschiedene Ausschnitt- oder Medienbeobachtungsdienste richten sich mit ihren Mediendienstleistungen nicht nur an PR-Schaffende sowie Marketing- und Werbeleiter, sondern auch an Verantwortliche im Sponsoring oder in anderen Kommunikationsbereichen, die die Medien im Blick haben müssen. Unter die Lupe genommen werden sowohl tagesaktuelle klassische Medien und das Internet, aber

154

auch Boulevardzeitschriften oder Fachpublikationen. Das Monitoring kann bei Bedarf sogar täglich erfolgen. Sie nennen dem Dienstleister hierzu lediglich das zu beobachtende Thema. Im Regelfall ist dies der Firmenname Ihres Unternehmens, aber auch einzelne Produktnamen, ein Thema oder sogar der Mitbewerber können in die Beobachtung aufgenommen werden. Im gewählten Turnus erhalten Sie die Bögen wahlweise auf Papier zugeschickt oder als Scans für den internen Gebrauch. Selbstverständlich nutzen die Dienstleister auf Wunsch auch Ihre Layoutvorlage für die Medienblätter. Dadurch sieht Ihr Pressespiegel auch dann einheitlich aus, wenn Sie einen Teil der Veröffentlichungen intern selbst aufbereiten und ein anderer Teil vom Dienstleister kommt. Neben Print und Online können auch TV, Hörfunk, Videotext sowie Weblogs und twitter ausgewertet werden. Auch die Beobachtung internationaler Medien kann beauftragt werden. Die Medienberichterstattung wird bei Bedarf auch analysiert und ausgewertet – aber für viele kleinere und mittlere Unternehmen ist der eigentliche Service des Abdruck-Aufspürens schon völlig ausreichend.

Pressespiegel: Rechte beachten

Die Presseveröffentlichungen digital vorliegen zu haben, kann sehr verführerisch sein. Ohne an dieser Stelle eine verbindliche Rechtsberatung abgeben zu können, möchten wir Sie davor warnen, die Medienblätter mit den Kopien der Veröffentlichungen zu verteilen oder gar ins Internet zu stellen. Dies ist schon kein Graubereich mehr, sondern schlicht nicht erlaubt. Erfragen Sie daher stets die Genehmigung des Verlages, bevor Sie die Abdrucke für werbliche Zwecke nutzen. Auch Veröffentlichungen, die Sie über einen Dienstleister beziehen, dürfen nicht für das Internet oder einen öffentlich zugänglichen Pressespiegel verwendet werden. Im Grunde ist der Pressespiegel nur für den internen Gebrauch bestimmt.

Eine Alternative, die keiner speziellen Erlaubnis bedarf, ist es, aus einer Veröffentlichung zu zitieren und Namen der Zeitschrift sowie das Veröffentlichungsdatum zu nennen. Verzichten Sie aber in jedem Fall darauf, ein Logo des Mediums zu verwenden, wenn Ihnen hierzu keine Genehmigung des Verlags vorliegt.

Zu den wichtigsten Medienbeobachtungsdiensten in Deutschland zählen

AUSSCHNITT Medienbeobachtung
Deutsche Medienbeobachtungs Agentur GmbH
www.ausschnitt.de

Cision Deutschland GmbH
www.cision.de

Landau Media Monitoring AG & Co. KG
www.landaumedia.de

PressWatch GmbH
www.presswatch.de

An Unternehmen aus der IT- und TK-Branche, die ausgewählte Medien der Informationstechnologien sowie die gängigen Online-PR-Portale beobachten lassen möchten, richtet sich dieser spezialisierte Anbieter:

Burger + Burger Marketing GmbH
www.clipping.de

Literaturliste und Links

Norbert Schulz-Bruhdoel, Michael Bechtel
Medienarbeit 2.0
Frankfurter Allgemeine Buch, 2009

Viola Falkenberg
Pressemitteilungen schreiben
Frankfurter Allgemeine Buch, 2008

Robert Deg
Basiswissen Public Relations
VS Verlag für Sozialwissenschaften, GWV Fachverlage, 2007

Dominik Ruisinger, Oliver Jorzik
Public Relations
Schäffer-Poeschel Verlag, 2008

Thomas Kilian
Der Igel-Faktor
BusinessVillage, 2009

Anbieter von Redaktionsadressen:

Stamm Verlag: www.stamm.de

Verlag Dieter Zimpel: www.zimpel.de

Kroll Verlag: www.kroll-verlag.de

Hajo Neu; Jochen Breitwieser
Public Relations
Die besten Tricks der Medienprofis
2., aktualisierte und erweiterte Auflage

118 Seiten; 2009; 21,80 Euro
ISBN 978-3-938358-93-1; Art.-Nr.: 794

Jetzt neu! Mit Social-Media und Online-PR

Die Bedeutung von Public Relations ist gerade in Zeiten knapper Budgets enorm. Doch was, wenn trotz stattlicher Etats immer nur die Konkurrenz mit ihren Meldungen und Produkten im Fernsehen, in Zeitungen und im Internet auftaucht? Wenn es scheinbar so gar keine Ideen gibt, um den eigenen Output an News wirkungsvoll zu erhöhen? Reicht es für den PR-Erfolg aus, lehrbuchgemäß verfasste Pressemitteilungen zu verschicken und darauf zu hoffen, dass die Medien auf ein „wichtiges" Thema schon von alleine aufmerksam werden?

Naive Vorstellungen – mit denen das Autoren-Erfolgsduo Neu und Breitwieser in diesem Praxisleitfaden aufräumt. Pragmatisch und praxisorientiert erläutern die PR-Profis das Prinzip zeitgemäßer Kommunikations-Konzepte im Zeitalter von Online-PR und Social Media. Denn weder die gute alte Pressearbeit nach „Schema F" noch theorielastige PR-Strategien lösen die wahren kommunikativen Herausforderungen im Unternehmen. Dieser Praxisleitfaden beschreibt, welche PR-Maßnahmen unter welchen Voraussetzungen wirken – und welche komplett überflüssig sind.

Saim Rolf Alkan
**1×1 für Online-Redakteure und
Online-Texter**
Einstieg in den Online-Journalismus
2., aktualisierte und erweiterte Auflage

126 Seiten; 2009; 21,80 Euro
ISBN 978-3-938358-92-4; Art.-Nr.: 767

Journalisten, Redaktionen, Homepage-Besitzer – das Schreiben für
das Medium Internet stellt Redakteure vor neue Herausforderungen
– es geht nicht mehr um die Onlineausgabe gängiger Printmedien,
sondern umfasst die ganze Bandbreite elektronischen Publizierens.
Allen gemeinsam ist der Umgang mit Information, die sie erschließen,
gestalten und marktgerecht positionieren müssen. Um dabei die Leser-
erwartungen zu erfüllen und Qualitätsansprüchen gerecht zu werden,
müssen Online-Journalisten genauso über journalistische Basis-
qualifikationen verfügen wie mit den Besonderheiten des Mediums
„Internet" vertraut sein.

Die Verknüpfung beider Bereiche ist der Leitgedanke dieses Buches.
Wichtige journalistische Grundregeln werden vorgestellt und unter dem
Gesichtspunkt der webspezifischen Umsetzung erläutert. Konzeption
und Gestaltung neuer Kommunikationsformen im Internet wird auf
handwerklich solide Grundlagen gestellt. Ebenso wird beim Blick in
das Redaktionsbüro berücksichtigt, dass redaktionelle Abläufe online
viel stärker in Unternehmensstrukturen eingebunden sind als bei den
Print-Kollegen.

Das Buch eröffnet den Einblick in die Arbeitsweise der Profis und er-
gänzt fundierte Hintergrundinformationen mit Geschichten aus dem
Alltag eines Kommunikationsberaters, zahlreichen Praxisbeispielen.